电网新视界

守护

主编　武芳

中国电力出版社
CHINA ELECTRIC POWER PRESS

图书在版编目（CIP）数据

守护 / 武芳主编．—北京：中国电力出版社，2016.12

（电网新视界）

ISBN 978-7-5198-0240-0

Ⅰ.①守…　Ⅱ.①武…　Ⅲ.①中国文学－当代文学－作品综合集　Ⅳ.①I217.1

中国版本图书馆 CIP 数据核字（2016）第 315406 号

中国电力出版社出版、发行

（北京市东城区北京站西街 19 号　100005　http://www.cepp.sgcc.com.cn）

三河市航远印刷有限公司印刷

各地新华书店经售

*

2016 年 12 月第一版　　2016 年 12 月北京第一次印刷

710 毫米 ×980 毫米　16 开本　21.25 印张　274 千字

定价 55.00 元

编　写　组

主　　编：武　芳

副 主 编：马　晶　姚　娜

成　　员：畅宏斌　柴　晶　石文贞　李美玲
葛巩佳　李小龙　李　全　张天杰
杜剑楠　吴秋兵　王浩亮

从 书 序

2014 年 10 月 15 日，习近平总书记在全国文艺工作座谈会上讲话强调，文艺是时代前进的号角，最能代表一个时代的风貌，最能引领一个时代的风气。实现“两个一百年”奋斗目标、实现中华民族伟大复兴的中国梦，文艺的作用不可替代，文艺工作者大有可为。好的文艺作品就应该像蓝天上的阳光、春季里的清风一样，能够启迪思想、温润心灵、陶冶人生，能够扫除颓废萎靡之风。

近年来，国家电网公司高度重视职工文学创作，坚持“为电网放歌，为职工抒写”的创作导向，繁荣电网文学创作和职工文化生活，增强企业软实力、品牌影响力。2016 年 4 月，国网山西省电力公司成立了职工文学创作爱好者协会（简称文协），公司 400 余人入会。公司积极落实国家电网公司文学创作重点选题工作，结合实际制定文学创作三年规划，确定了 26 项文学重点选题，提出了“通天气，接地气，聚人气”的工作思路。半年多来，成立了诗歌、小说、散文、纪实、影视、朗诵 6 个兴趣小组，形成了微信群、公众号、会员管理系统等 6 个网络平台，拓展了《晋电文学》期刊、“电网新视界”丛书、北田职工文化创作与展示基地、职工书屋电力作家作品专柜等四个职工文学成果的实体展示平台，与《脊梁》《黄河》等重点文学期刊联合建成了 3 个外部文学培训基地。我们组织了 20 余次集培训、采风、笔会于一体的文学专项活动，形成了公司文学创作组织、培训、沟通与提升的常态机制。文协成为国网山西省电力公司文学创作队伍的一个重要平台；公司职工文学创作队伍成为国家电网公司文学创作群体中的一支劲旅。

在文协之“家”的温暖中，文学队伍日渐发展壮大，一批作者脱颖而出。他们在深入生产一线、深入员工生活的创作中，用心灵和爱，去触摸每一根导线、每一座铁塔，创作了大量具有地域与行业特色的诗歌、散文等文学作品，鲜活生动地抒写了电网人的感人故事，丰富了电网人的精神世界，展示了电网人的靓丽风采。何文锋、赵晨宇的诗歌在中国电力诗歌“重走长征路”征文中荣获三等奖。文协副主席郝密雅的诗《穿越会宁》荣获公司在国家电网公司系统的第一个文学作品一等奖。公司管培中心拍摄的《第八个》微电影荣获国家新闻出版广电总局网络视听节目一等奖、山西新闻广电总局网络视听节目一等奖、英大传媒金奖、中电传媒一等奖，被英大传媒集团选送参加亚洲微电影节。

为了让更多的员工能够分享公司职工文化成果、让更多的文学爱好者能够从优秀文学作品中学习和借鉴，文协从其众多平台汇集的作品中，选出一批有代表性的作品，汇集成“电网新视界”丛书，即《春到北田》《阅读的力量》《在路上》《守护》《第八个》《撷英拾贝》《墨染时光》《微尘闪烁》，共八个专辑。

《春到北田》是“中国电力作家走进山西电力”文学采风培训活动和国网山西省电力公司职工文学创作爱好者协会成立大会期间，国家电网系统作家和山西文友在北田培训基地共同创作的诗歌散文集。作品激情澎湃，读来如沐春风，是文协的发轫之作。

《阅读的力量》是一本电网员工的读书感悟和心得文集。作者从书籍中汲取知识和力量，结合工作实际，写出了自己的真感受、真性情、真灼见。各种主题读书活动不断开展，并先后建成各级各类职工书屋 200 多个，成为员工的精神家园。

《在路上》是一线输电员工运用“互联网 +”的新武器，反映自己丰富多彩的学习、工作和生活的新“视”界文学作品。作者捕捉精彩瞬间，凝练优美诗文，用诗、文、书、画、音、像等多维立体的艺术形式，表达山西电力输电人的苦与乐。书中将图文巧妙结合，相互补充映衬，真实生动反映一线电力员工的工作生活和思想境界，是现实生活的电力写真。让读者在享受光明的同时，不忘记输电人跋山涉水的身影，不忘记输电人一双双黑亮的眼睛。

《守护》是“我的父亲母亲”和“电网退伍兵”主题征文选编。人生路上，亲情是最持久的动力，感恩父母才会感恩企业。“我的父亲母亲”征文活动，从 400 多篇征文中选出 70 余篇，其作者多为近年来分配到企业的大学生，综合素质较高，作品温馨、亲切、生动、感人。“电网退伍兵”征文活动，从 100 余篇征文中选出 10 篇优秀稿件，真实再现了一个个退伍兵在电网建设和运行中的感人事迹，体现了“国防绿”那特有的精神品质。

《第八个》是一本微电影剧本集。作者把身边的人写入剧本，把身边的事拍成微电影，以喜闻乐见的方式将电网人的故事展示给大家。文协在收集基层单位已经拍摄或未拍摄的微电影剧本的同时，多次组织研讨与培训活动，请省内外知名编剧进行了点评指导，进一步丰富了创作内容，拓展了剧本体裁，提升了微电影剧本创作水平。

《撷英拾贝》是一本由小说、报告文学、散文、游记汇集而成的文集。作者多维度、多视角、多体裁抒写了电网人工作、生活、家庭中的苦与乐，是社会从另一个侧面了解电网人思想情感的“窗口”，也是电力文学爱好者迈向文学殿堂的“阶梯”。

《墨染时光》是近年来《山西电力报》上发表的通讯和报告文学集。作者在作品中以写实的笔法，真实记录了电力员工服务客户、奉献社会的风采，塑造了国家电网品牌形象。作品中反映的人物，来自最平凡的岗位，却是最可爱的人；作品中反映的故事，传递的是最寻常的心声，却是最动听的声音。

《微尘闪烁》是一本诗歌集。诗里刻录时光，诗中讲述人生。微尘闪烁群星，星光照亮眼睛。在诗中，能读到银线与铁塔，能读到阳光与背影，也能读到作者创作中的稚嫩与真诚。

三晋大地，古风犹存，文人辈出。企业需要精神，文学需要激情，文协的成立给文学爱好者搭建了一个学习、创作、交流的平台。老年人的睿智、中年人的冷静、年轻人的热情，在这里汇聚；文思与场景、文字与岗位、文学与电网，在这里交融。他们分享文字的盛宴、拓展思想的深度、汲取创作的能量。文学爱好者用擅长的文体、真挚的情感，向电网人表达由衷的敬意。

企业文化是企业发展的软实力，要建设一流企业，必须以强大的企业文化来支撑。电网人的生活多姿多彩，电网人的工作充满挑战，作为一名电网文学爱好者，既要做企业勤恳的建设者，也要做忠实的记录者，为企业发展鼓舞与欢呼。国网山西省电力公司将不断丰富文学创作内容和形式，拓展培训与提升的模式，多方面鼓舞员工的文学创作热情，让他们尽情挥洒，为电网放歌！

前　　言

“电网新视界”丛书是由国网山西省电力公司职工文学创作爱好者协会（简称文协），从众多作品中精心挑选汇集而成的，本书为《守护》。

本书是2016年文协主办的两次主题征文——“我的父亲母亲”和“电网退伍兵”的作品选集。

“我的父亲母亲”这一主题，源自国网山西省电力公司忻州供电公司职工刘伶在四月份读书分享会上对朱自清《背影》的分享，她的真情打动了在座的每一个人。恰逢其时，父亲节将至，“我的父亲母亲”主题征文活动便应运而生。

征文活动的通知一经发布，来自国网山西省电力公司下属的直属单位，市、县供电公司的文章如雪片般纷至沓来。从文学的角度来看，这些作品或许语言生涩、思绪零散，但却无一例外地抒发了笔者对父母之爱的深情感怀和感恩，这些深藏在心底的情感通过文字形式表达出来，字里行间，饱含深情，感人至深。

“我的父亲母亲”主题征文活动作为文协成立以来的首次大型文学创作活动，文协本着更好地激发文学爱好者的创作热情、更好地发掘创作人才、更好地促进人才成长的原则，先后组织了两次内部评审，选出六十篇作品送交中国电力作家协会专业作家评审团进行最终评分，形成了专业意见，为广大文学爱好者指明了前进的方向。

“电网退伍兵”征文活动是为了纪念中国人民解放军成立89周年而组织的一次面向全公司的征文活动。作为“电网退伍兵”，他们曾是人民的卫士，他们曾誓死捍卫祖国边疆，他们曾肩负保家卫国的重任，他们曾出生入死维护人民的安宁。如今，他们用肩膀扛起座座铁塔，他们用脚步丈量条条银线……光荣的电网退伍兵，他们是电网卫士的重要部分，为他们书写，让钢铁的意志延续、传承，这不正是国家电网公司“为电网放歌，为职工抒写”的初衷吗！

两次征文活动中，不乏立意新颖、结构精当、文笔优美的好作品，但也普遍存在语言滞涩、结构凌乱、内容空洞、文学性差等问题。然而，问题伴随进步、稚嫩催生成长，作为我们迈向文学之路的起点，能够找到自身的不足十分重要。找准不足，弥补不足，走向成熟，这也正是我们编撰此书的目的所在。

在成书的过程中，编者每每被一些用词精准、文法严谨的笔者深深打动。在他们严谨的文学态度中，能感受到他们对文学的深爱和敬畏。而同时，我们也经常看到一些笔者在写作过程中存在的一些问题，如用词不当、错别字频出、乱用标点符号等。编者认为，作为文学爱好者，应该杜绝低级错误，保持对真、善、美的憧憬和向往。

文章千古事，得失寸心知。于文学、于写作，我们永远在路上。

今天我们将这些作品汇集成册，呈现在您的面前，或欣赏、或借鉴，若能有些许收获，我们不胜欣慰。

编者

2016 年 12 月

目　　录

第二辑　电网退伍兵

第一辑
我的父亲母亲

2016 年父亲节来临之际，国网山西省电力公司职工文学创作爱好者协会发出“我的父亲母亲”主题征文活动的通知，鼓励职工“把爱大声说出来”。截止到 7 月 20 日，文学爱好者协会共收到散文 361 篇、诗歌 103 篇。经多番筛选，将其中的 72 篇收录下来。在成长的路上，让我们一起感恩……

国网长治供电公司

马　晶

老　马

老马能折腾，这是大家都知道的事儿。

老马今年五十二了，老了老了还揽了个麻烦事儿，当起了电力理赔协调员，对于血管里存着两个支架的他，每天“上蹿下跳”地搞协调，无异于“玩命”。“老马穷折腾”，这在沁县供电公司算是家喻户晓的消息了。

今年，特高压建设是国网山西省电力公司的头等大事，但是，建设特高压需要占用老百姓的地，事关切身利益，老百姓可不会轻易答应，于是，占地理赔协调工作就成了一项艰巨而异常重要的任务。

“老马工龄长、经验多，老马出马，不止一个顶俩，等于出一群马。”“老马当了大半辈子‘马线长’，老百姓都认识他，请老马去吧。”……正在身体康复期的老马一听这个就来了精神：“这是大好事，我得去！”老马不顾家人的劝阻，随手揣了一瓶速效救心丸，就毅然决然地奔赴理赔协调的一线去了。

特高压沁县段全长近 12 千米，有铁塔 32 基，途经牛寺乡、松村乡两个乡镇、9 个村，永久占地和临时占地共涉及 126 户老百姓的土地。这些信息都牢牢地记在老马心里。

一个村接一个村、一户接一户做工作成了老马的工作日常，宣传国家政策，讲解特高压的作用，晓之以理，动之以情，来来回回，反反复复，不知不觉老马就忙活了大半年，走过了近 1.6 万千米的路。回放老马车上的行车记录仪，那几条熟悉的路、熟悉的村在清晨、正午、黄昏、深夜呈现出不同的风景；那些熟悉的人、熟悉的面孔，生气、愤怒、疑惑、沉默、赞同，展现出同一个成绩，那就是老马把特高压建设在沁县的落脚点一寸接着一寸地拿下，为特高压过境提供了清晰的轮廓。老马“玩命”工作的事儿就又一次成为大家谈论的焦点。

老马总说：“有一个饭碗，提供我们一生衣食无忧，我们要心怀感激，把事情做好。”

记忆中，老马总是忙忙碌碌地“穷折腾”，父爱于他、于我似乎淡了一点。我时常羡慕那些亲昵的父女关系，无奈老马总是给我留下一个个匆忙离去的背影，慢慢也就习惯了，直到那次“战争”以后，我终于走进了老马的世界。

大学毕业，在就业方向的问题上老马和我产生了巨大分歧，进不进电力行业成为我们争执的焦点。薪资不错，五险齐全，我实在想不出老马为什么就是不愿意让我踏进这个门槛。

“老马在家专制了 20 年，在人生的重要时刻还想操控我，他是怕我进入电力系统超越他了，以后不服他管了才千方百计地阻挠我。这一次，我要自己做主，决不妥协。”我笃信自己的想法。

老马态度很强硬，完全没有考虑我的想法的意思。见我这么坚持，他换

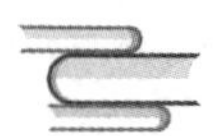

了策略，说："考研吧，我供你，多读书有好处。"他又说："实在不行，找个别的工作嘛！我帮你想办法。"最后，他眉头紧锁，严肃地说："电力行业不是你想的那么容易！"

老马最终没有说服我，冷战一周后，做出了让步；而我也凭借冷战胜利的任性，如愿考入电力系统。接到通知书的那一天，老马几次欲言又止，最终却什么也没有说。

走上电力工作岗位后我也开始了我的"折腾"，终于明白了，那天老马欲言又止的全部内涵。原来，"你用电，我用心"不只是一句口号，更是无数电力人舍小家为大家的信念。若不是同在电力系统，若不是披荆斩棘地巡线，若不是严寒酷暑地抢修，若不是除夕夜紧张地保电，若不是中秋、国庆的坚守，我也许永远也体会不到——老马是不想我尝尽他所经历的苦。然而，老马应该明白，有些东西，是从血液中就注定的，比如对电力的情怀，比如爱折腾……

回忆渐渐清晰起来，那些曾经不懂他的时光把我拉进了深深的自责中，厚重的父爱如汹涌的潮水把我淹没。

小时候，父亲的爱是一包咸菜加一根火腿肠的念想。20 世纪 90 年代，咸菜和火腿肠是市场上的"奇货"，但是每年春天，父亲每天总能变戏法般地，给我变出一包咸菜加一根火腿肠，在很长一段时间，这成为我在班级里炫耀的资本，小伙伴们看着我将一根红色塑料纸包着的香喷喷的火腿肠放在嘴里嚼啊嚼，羡慕的口水都要流出来了。现在回想，其实，那是父亲每年春天参加春检的工作餐啊。日行百里检修线路，崇山峻岭艰难跋涉，馒头 + 咸菜 + 火腿肠，这是他们工作一天的能量补给，父亲把咸菜和火腿

肠留给我，而他自己就只剩下了一个馒头而已。若不是同在电力系统，我也许永远也无法知晓这份爱的厚重。

中学时，父亲的爱是隔着满身黄沙和我的怨气背后的那句“路上小心”。21 世纪初期那几年，沙尘暴肆虐太行山区，呼啸的沙尘在我们四周挥之不去。那时候，父亲的抢修班似乎总有干不完的工作。印象最深的是一个阴冷的早晨 7 点多，我出门上学，和满身黄沙的老马迎面撞上，呛了我一鼻子灰。老马露出整齐的牙齿朝我笑，而我却因为他整宿未归而甩手离去，身后清晰地飘过来一句“路上小心”。现在回想，当时那个热情的笑容上面，满满地全是疲惫。若不是同在电力系统，我也许永远也捕捉不到这些隐忍的细节。

成年后，父亲的爱是全力阻止我靠近电力系统的声嘶力竭。在那场关于工作的战争中，老马的坚持与退让，在现在想来，是那么为难。不过我还是感谢老马的退让，虽然走上了这条“折腾”的路，却离他更近了，更像他了，并且更爱他了，即使我从没说出口过。

“过来给你看个好东西。”那天，老马神神秘秘地把我拽过去，从他鼓囊囊的文件袋里取出来一张破旧的纸。他小心翼翼地打开，原来是一张中国地图，一条弯弯曲曲的线条架在上面。老马指着这条歪歪扭扭的线说：“你看，特高压！”然后又在山西沁县那一段用手指画了一个圈，得意地说：“这里有我一份儿，哈哈！”说完，一股由衷的自豪从他脸上的褶子里溢了出来。

我知道，老马这次折腾“富”了……

注 此文获国网山西省电力公司“我的父亲母亲”征文一等奖

国网山西检修公司

宁　肯

父　子　无　间

午后，父亲坐在阳台上，一边喝茶一边看报纸，报纸上有我前两天发表的文章，我知道他已经看过了，又再看。我说，就一篇小文，你看多少遍啊。父亲笑笑，眼睛依然盯着报纸，说："我也写了一辈子，感觉还不如儿子写得好呢。"我看着他，不再说话，心里却笑他的得意。

30 年了，我写过一些拙文小作，但没有一篇是专门写给父亲的，检点一下，不禁汗颜。

听奶奶和妈妈讲，我出生时把家里人折腾得不轻，妈妈住院七天待产不见动静，在端午节妈妈一口气吃了十个大粽子后，我才"心满意足"地与父母相见。奶奶说起我出生后的情形，总

是双手比划着：“你爸爸冲出产房报喜‘生了、生了！’”奶奶问：“生了个啥？”爸大声回答：“生了个大嘴！”全家人笑：“问你是男孩还是女孩？”爸爸摸摸脑袋：“妈，是男孩。”

记不得父亲给我的第一印象了，也不记得是在什么时候记住他的模样的。从一张几个月大的照片看，我依偎在父亲的怀里，一只小手摸着父亲的胸口，我们一起冲着镜头笑。父亲的笑容英俊清朗，那宽阔的胸膛想象着就是有力而温暖的，幼小的我贴紧它，才笑得那么甜吧。

“爸，举高高，我要摘星星！”我骑在父亲的肩头，仰望天空，举着小手在空中抓闹。这是我记得最清晰的儿时游戏。父亲的肩膀结实而宽大，坐在上面稳稳的、暖暖的，是我最喜欢待的地方。骑在父亲肩上，父亲便是我的双腿，我想去哪里，动一动小嘴，就能到哪里。正月十五看红火，父亲举我上肩头，看划旱船、踩高跷、鼓乐队，目不暇接的表演你方唱罢我登场，鲁智深、穆桂英、沙和尚，惟妙惟肖。我俯视人群熙攘，哈哈大笑，人间快乐尽在眼前。

父亲带我去公园，长长的亭台楼榭、景观园林，他喜欢举我在肩头，边走边给我讲雕栏画壁上的故事，孟母三迁、哪吒闹海、红楼一梦……看生机盎然的园林景观，青草绿、桃花红、杏花白，层层叠叠，芬芳扑鼻，人间烟火尽收入纯洁清白的小小心底。

我不知道我坐着父亲的肩头走过了多少路，他的脚累不累，他的腿酸不酸，只记得父亲肩膀的有力、所见的美景怡人。父亲如山，我坐在山顶看风景，我和父亲浑如一体，相依相偎。

长大一点后，我喜欢和父亲比手掌。从掌根第一条细纹对齐，手心对着手心，两手合十，我和父亲相视一笑，父亲顺势一握我的小手，说一声“走啦，跟爸爸玩儿去喽”。我便被他牵着，雀跃在他身边跑远了。父亲的手大而厚，温暖且有力，我的小手只要拉着他的两根指头，就觉得足够安全。

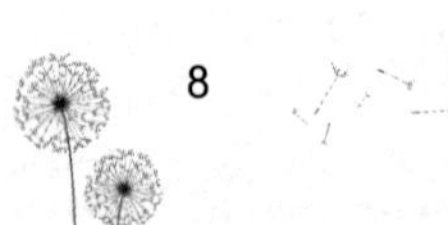

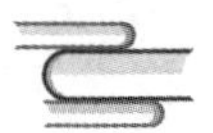

被父亲的大手拉着的时间，远远超过了坐在父亲肩头的时间。拉着父亲的大手，我走进幼儿园、小学，无论走在父亲的前后左右，我和父亲的距离基本都是一臂之间，没有脱开过他大手的牵握。饿了，我围在他身边，看他淘米煮饭；写作业时，他又坐过来，听我读书作画。父亲低头看我，我仰视着父亲，父子都笑着，无间而行。

少年的我和父亲相依相伴，言语甚欢。记忆中父亲年轻时身形魁梧，英俊潇洒，在单位总是穿着一身笔挺的西装，神采奕奕、笑脸迎人地处理着各种大小事务。他总是加班写材料，一个人在办公室一写就是一夜，第二天还要筹备各种会务，忙得不可开交。但从来没有听过父亲的一句怨言，好像还乐在其中。记得有一次到他办公室，看到办公桌上的烟灰缸里堆满了烟蒂，那是父亲熬夜工作的副产品，是父亲尽职履责的佐证；书架上层层叠叠的红色证书是父亲用汗水浇灌的花，人生价值的注解。父亲常说一句话："人生是用来拼搏奋斗的。"

记不清何时开始，我觉得父亲的手好像变小了，依然有力，但有些硬了糙了。有时，父亲还会伸出手掌说，来比划比划："爸，我的手比您的大了！"父亲笑，笑得很欣慰，拉住我的手有些恋恋不舍；而我却撇开他的手，转身看向别处。我怎么会变得羞涩了呢？

其实不是羞涩，是个子高了，心开始向远了。不知不觉中，我开始不愿意和父亲一起走路，如果我们一起走，很多时候是我走在前面，他跟在后面。他要和我说话，我要么回头，要么停下等他跟上来再说。我和父亲之间若即若离，有时，竟然无话可说，如同陌生人一般相处。

青春期的叛逆、高考升学的压力，让我封住了口，总觉得他管得太多、太细、太宽。见面问询敷衍而过，电话交流只说"让我妈接电话"。高中住校，周末他来学校看我，提着我爱吃的饭菜，我坐在宿舍的床边，他看着我沉默地一口一口把饭吃完。送他走出校门的那一刻，我看到他不住地转身、

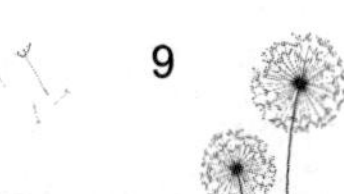

回头，努力在渐行渐远的路上找寻儿子的身影，而我却躲在角落，注视着他逐渐消失的背影，泪湿眼眶，却不愿开口喊一声，不肯低头。有一次，我听见父亲在厨房和母亲说：“儿子离我远了。”我的心不由得一动，鼻子一酸，心里说，我哪里远了，分明就在你身边嘛！

上大学，参加工作，真的离家远了、离父亲远了，不仅是身体远了，心似乎也离得远了。忙碌的学业与生活打拼，想起父母的时候不多，甚至电话打的也少。直至结婚生子，我的心才似有所动。

那一天，在产房看到儿子的第一眼，我的手触碰到他肌肤的一刹那，我突然想到了父亲，他看到我的时候是不是也是这样激动呢？我急忙转身奔出产房去向等在外面的父亲母亲报喜。当然，我出门的第一句话说得不像父亲那样，我说：“是男孩，我当爸爸了！”

今天，我儿子也像儿时的我一样，喜欢骑在我的肩头。我看到父亲有时远远地看着我和儿子玩耍，只是远远地看着。我暗自想，他是不是在想当年的我和他呢？现在，我是他当年的角色，但生活不是简单的重复，而是轮回的延续演绎。作为一个年轻的父亲，我开始慢慢地走回父亲身边，走进为人之父的心境。

2011 年冬天，父亲突发心肌梗死，在急救送医的路上，父亲对我说：“儿啊，从来都是给妈打电话，从来都不给爸打电话，以后怕是没机会了。”突然间，我心中大痛，泪如雨下，突然感到父亲对我有多么的重要！我紧紧握着父亲的手，说：“爸，我的手有劲儿吗？我一定能拉紧您！”此时，我多希望把做错的一切全都补上，我愿意用自己的生命去换回和父亲朝夕相处的岁月，和他说话，陪他聊天，原本平常得再不能平常的一切此时变得如此奢侈，像手中的一把清沙，纵使自己攥得再紧，仍从手中无情地流逝。我把父亲抱紧在胸前，一如他抱紧婴儿时的我，无法分开！

今天，闯过鬼门关的父亲，在阳光下安享着晚年，气定神闲。我坐在他

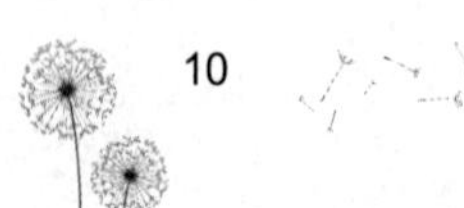

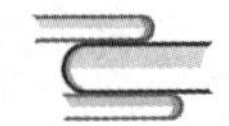

身边，与他说着最近所看书中的一些趣事，他听着，不时笑笑。此时此刻，我觉得，我和父亲好像都回到了儿时，一起游戏，既是父子，又像兄弟，我们再一次融为一体了。

我知道，将来，我和我儿子之间的身心距离可能也会如我与父亲之间一样时有改变，但最终，血浓于水，亲情之爱会将这距离弥补如常，让我们亲密无间，代代如此。

注　此文获国网山西省电力公司“我的父亲母亲”征文一等奖

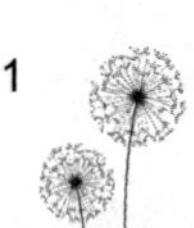

国网山西检修公司

武　芳

老爸“三过”

这几年，我老妈越来越能絮叨了，在她絮叨的这一地鸡毛中，不变的内容就是我爸这人看似温良，其实毛病甚多，且闻过不改。要是任由她这么唠叨下去，三天三夜也说不完。我大致归纳了一下也就以下三点，今天作此文，一则为泄老妈心头之恨，二则为警示教育老爸。

一是“懒散”。老爸退休后，也曾经盘算着再找份工作补贴家用，可是高不成、低不就，一晃就快七十了，这个想法也就基本搁浅了。老妈说，其实就是懒，人家谁谁她爸退了休跟人合伙做生意，那钱挣得都没个数，还有谁谁他爸……我不禁惭愧自己眼拙，周围这么些叔叔大爷都是大器晚成的成功人士我怎么就没看出来？既然找不到工作，

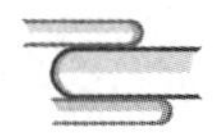

那就发挥余热，帮我们带孩子吧，平心而论，老爸带孩子还是很尽职尽责的，在外面碰见他，总看见他一手拿水壶、一手拿尿布，让小不点折腾得手忙脚乱，孩子们会跑的时候，老爸就跟在后面大呼小叫，头上稀疏的白发迎风招展，可他的“业绩”总也赶不上老妈的标准。我妈说：“你爸看孩子那就不用心，手里拉着孩子，眼睛还瞟着路边的棋摊呢，孩子没丢真是万幸！”哇，好惊险！看了三个孩子，居然一个都没丢。这几年孩子们一个个都大了，老爸就更懒散了，老妈说，“你爸现在基本以玩为主，每天就干两件事，早晨买菜，下午墩地，不洗碗不做饭……这要不是新中国、社会主义，你吃什么、喝什么？”听我妈这政治觉悟，我爸这辈子只能是望其项背了！

二是“贪玩”。我老爸生在新中国、长在红旗下，除了“法轮功”这种万恶的邪教组织，一般人民群众喜闻乐见、积极向上的文体活动都热心参加，比如棋牌类、登山健身类、太极养生类。我妈恨恨地说：“玩起来一天不着家，饭点都不见人影，有一天晚上十一点都不回家，我下楼搅了扑克摊子才拽回来，害得二号楼老李一见我就笑话我。”前几天，老爸喜滋滋地拿回来一份传单，说要参加夕阳红自行车队，跟人家骑行到拉萨，他的这一想法硬是让我和我妈活活扼杀在了摇篮里。老爸以玩会友，交友之广，令我汗颜。每次回妈家，院里并不熟稔的大爷大妈们就迎上来寒暄，“这是老武家的大闺女吧？”“回来啦？”我便龇牙咧嘴地笑迎四方邻里，等进了家门，腮帮子都僵硬了。去年爱人出差，老爸在我这儿住了几个月帮忙，他回去以后，电梯里以前从不打招呼的邻居、地下车库的保安都跟我问询，“怎么不见你爸啊？你爱人出差回来啦？”你听听我爸，我们家这点不值钱的隐私都叫他抖搂出去了。

三是“抠门”。都说人老三般病，爱钱、怕死、不瞌睡，我老爸第一种症状尤为明显。每次带他出去吃饭，甭管你是山珍海味，还是特色小吃，老爸的评价就三个字：“不实惠”。我闺女说，跟着姥爷逛超市，你在前边捡，他在后边扔，等到了收银台，购物车里基本也就没什么东西了。老爸在外出锻炼的路上，也顺便收集些超市的特价传单，按时按需采购各类果蔬，大大降低了我们家的 CPI。我妈说，“有一段时间他就只买芹菜和西葫芦，一问才知道，超市的一元菜就这两个品种，这家伙，把人吃得脸都绿了。”前几年，我们集资给爸妈换了套带电梯的新房，老爸怀疑新电表转速过快，不是找物业，就是致电 95598，每天趴在电表箱上，相看两不厌。他这么抠，其实并没有多少积蓄，他跟我说，将来他跟妈百年之后，留下的钱分三份，给外孙们上大学用。我一听就火了，你们该吃就吃、该玩就玩，这么省下的钱叫我们怎么花？！

上个月，老爸在某不知名小医院接受了一次免费体检，那医生拿着检查结果跟我爸说，叫你孩子们一起过来吧。老爸失魂落魄地就找我来了，第二天我带他去人民医院复查，人家大夫轻描淡写地说：“老人家，没事，回去按时吃药就好了。”老爸如释重负，回来还是余悸未消，他在电脑里翻出一张我前年带他去哈尔滨旅游的照片说：“将来我不在了，就把这张照片做遗像吧。”我心里一惊，赶紧逗他：“爸，要照咱就到钓鱼岛照去，您且得等到我们国家把钓鱼岛开放旅游的那一天啊。”

注　此文获国网山西省电力公司“我的父亲母亲”征文一等奖

国网长治供电公司

申廷芳

大山与父亲

当我写下这个题目时，内心犹如打翻五味瓶，一股久违的心酸涌上心头。在父亲离去的第四个年头，每每想起讷于言而敏于行的父亲，总是热泪盈眶。他用自己一生的实践，告诉我什么叫孝道、什么是忠诚、怎样做人。

我的父亲是一位林业工人，共产党员，在黎城县的国有荒山上洒下青春汗水，用沸腾的热血和无私的奉献染绿一坡又一坡的大山。尽管工作、生活的条件很艰苦，但他从没有因为艰苦而放弃自己的追求，“听党话，跟党走，组织叫干啥就干啥”是他一生的追求。

20 世纪 50 年代末，风华正茂的父

亲从农校毕业后背起行装，响应绿化祖国号召来到黎城乔家庄九龙山下，与当时上山下乡的知青共百余人投身到全县第一个国营林场建设中。由于他身强力壮，干活从不惜力，被任命为林场生产队的大队长，从育种种苗、春秋季植树造林到森林病虫害防治、间伐，再到防牛羊吃树苗、啃树皮、护林防火等工作，他一年四季总是忙个没完。林场有不少的田地可以种粮，完成植树造林任务的同时，父亲和他的同事还要栽种许多粮食、蔬菜，自食其力的成果往往够全场人一年的口粮。在那个经济条件不发达、物质条件不丰富的年代，落个“肚儿圆”的工作成了父亲那一代许多人的美好回忆。

在我的童年记忆中，父亲的工资每月一直在 40 元左右。为节约每一分钱，他甚至舍不得给自己买一件背心。当时林场无论树籽还是粮食，都在一个土木结构的二层楼仓库上存放，每到收获季节，唯有父亲光着膀子无数次背起一百八十斤的麻袋，一次次从场地背上二楼，其他工人要不背的数量少、要不两个人抬，只有我父亲最实诚，不多言语，只是把任务分配完后，以一个生产队长的身份背得最多，直到最后一袋粮食或树籽上楼。年复一年，日复一日。在生产队长岗位上一干就是二十年，他用行动赢得了群众的信任，被领导表扬为“好同志”，在飞机播种造林会战中火线入党，出席过全省在中条山召开的劳模会，事迹上过《山西日报》；而自家的农活、村里的“三提五统”等，父亲都顾不上，更多情况下是由母亲带领我们姐弟完成的。

父亲用无言的行动践行岗位责任的同时，把孝道看得比天还大。由于家境贫寒，奶奶去世得早，爷爷身体也一年不如一年，两个年纪尚幼的叔叔也需要照顾，父亲在黎城县农林学校毕业后就参加了工作，成为家中唯一“吃供应粮”的人。此情此景，父亲用自己对孝的理解践行孝道。奶奶去世时，520 元的丧葬费都靠亲戚朋友周济，这笔债，父亲还了三年多。每次发工资回到家里，总是先到爷爷住的窑洞里坐坐，问问老人情况，然后从身上摸出

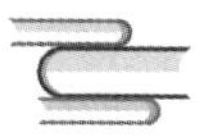

用手绢包好的工资，拿出一大部分孝敬爷爷；如果还有其他东西，也是第一份先给爷爷。最后，还要问："大，还有事没？没事我先过去。"为了照顾两个年少的兄弟，父亲把老宅腾出来让给弟弟，另起锅灶新挖了三孔土窑洞。邻里乡亲都说我父亲在这个家付出的多、得到的少，吃苦又吃亏。

爷爷68岁去世，期间生病请医生、买药，以及爷爷的后事，父亲都是独自承担。两个叔叔慢慢长大成家，"长兄为父"的责任让父亲又一次次义不容辞。清楚地记得，在伸手不见五指的夜晚，为给叔叔筹措彩礼，父亲到处张罗，直等两个婶子都进门，父亲才长长舒了一口气。别人又说他吃亏，父亲总是说，这都是长兄应该为弟弟做的。

1989年，对于我的家庭来说是一个黑色的年份。那年春天的一个夜晚，父亲辛辛苦苦修建的三孔窑洞，由于地质属沙土土质而突现裂纹，所幸当时正在上初中的我和哥哥星期天刚好放假在家，在众乡亲的帮助下，把家里的东西抢了出来。由于当时家里没有电话通知不到父亲，空寂的院子，漆黑的夜，我和哥哥依偎在母亲的怀里整整哭了一个晚上。在巨大打击面前，当时已成为林场党支部书记的父亲，回到家看到当时情景，脸涨得通红，两眼含泪，蹲在地上一天没有说一句话。有人劝他申请点救济金，他摆摆手；有人说，林场可以特批两棵树做梁盖房，他还摆摆手：自己的困难自己解决，绝不给组织增添任何负担。此后的十年间，我们全家过上了流离失所的"窜房檐"生活，直到我和哥哥长大后，才重新修起四个新窑洞。

父亲将自己的一辈子交给了大山，无怨无悔。由于林场经济效益不景气，父亲的工资直到2007年仍保持在200元，直至退休都不能正常领到养老金。当时许多老同志要上访、要闹，父亲劝他们："国家也有国家的困难，不要闹，有话好好说，要相信党和政府。"果真，党的"十七大"带来了福音，县委为他们这一批老同志解决了社会养老保险，父亲的工资有史以来突破1000元大关。此时的父亲已由于长年积劳成疾，每年多次住院，消耗上万元医药费。但“5·12”汶川大地震消息传来时，父亲毫不犹豫地拿出1000元作为特殊党费交给了组织。

相信党、拥护党、对党忠诚是父亲一生纯洁的追求，也影响着他的后人始终追寻着那面鲜红的旗帜，哥哥和我也先后成为共产党员。每当谈及此事，每当我们的工作有些许进步，父亲的脸上总会露出欣慰的笑容，总会说：“工作不要怕吃苦、不要怕受累，不下犁沟壕永远不接地气。”

父亲用无言的行动让青山披绿、让忠孝传承，父亲永远活在儿女们的心中。

想念你，我亲爱的父亲！

注 此文获国网山西省电力公司“我的父亲母亲”征文一等奖

国网山西检修公司

薛宏伟

《好爸爸全集》的序言

冰雪消融，大地回春。

还记得我出生后的第二年，中国就提出要实现四个现代化。如今期限已至，先辈们的承诺无一落空。我个人的幸运，就是能见证这一切，把承诺传递到孩子们的面前。承诺的内容已经实现，承诺的期限只剩下最后一年，我的使命已经完成，我的生命所剩不多。但，我对你们的爱，永远会藏在这部《好爸爸全集》中，伴随你们和后代所有的孩子们。等待你们翻开！

这部书的文章大多是我写的。年轻的时候不擅长写作，也不爱好文学，因为我和我的爸爸、我的女儿及儿子都是理工科出身。但后来发现自己错了，文学写作不是文科生的特权，而是所有充满爱和力量的心灵展现。文学就是爱的哲学，谁会拒绝爱和被爱呢？

当我失去爸爸的时候，我才开始爱好写作，那时的我才 25 岁，内心的不幸感占据了一切，因怀念而捉刀兴笔。笨拙粗浅、满载痛苦的写作便开始了。《走出困境》是其中较好的一篇，修改过很多次，甚至有段时间，每年在爸爸去世的那几天都要拿出来修改一下。

有了自己的孩子，亲人之爱从思念旧人转变为抚养宝宝，肝肠寸断化为舐犊情深，家务琐事无不绕指柔肠。那时已经有些写作经历，每天坚持记录育儿日记。生活描写总是言无不尽，惊喜和劳累进入字里行间，细腻而精准的描写让人沉迷其中。偶然反省才明白，原来浮笔浪墨，废话连篇。《不生病的宝宝》是比较理性的一篇，收集了很多育儿知识，也在很多场合当作课程演讲过。

育儿期较短暂，留下的好文章很少。进入教育阶段，是我写作的井喷期。教育子女，也是对自己人生的回顾、总结、批判、反省，所以，总是悔过去、盼未来，承前启后、继往开来，一下笔便如滔滔江水，延绵不绝，笔饱墨酣。那时也带了很多学生，每次写作都有明确的目标，即教育宣传；也有明确的三条主线，即教育理念、真情故事、名人名著，缺一不可。这种写法对写作能力是一种挑战，需要旁征博引，遍寻资料。那十多年，高峰期每天能写上万字，是我积累写作能力的重要时期。曾经写出过不少的好文章，比如《我的勤奋女儿》《七窍玲珑心》系列、《楚门的世界》，以及长篇科幻小说《爱丽丝奇遇记》等等，这些文章非常适合小学生家长阅读或参考。

孩子们考上大学，我又赋闲在家。那时已经进入了写作圈子，认识了很多写作大家，他们名下大作无数，在修辞和语法上对我帮助很大。大约有七八年的时间，我努力学习中外语法，尤其是中文写作如何模仿我曾酷爱的英语长句问题。幸好中国文学也在走向世界，在各类从句问题上不断发展，

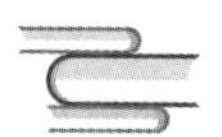

以接近世界文学的步伐。长句方面也是如此，我终于可以写出像莎士比亚十四行诗中那样的长句，心骋意尽，援笔成章，真是酣畅淋漓啊！

那时也试着写小说和诗歌。笔冢研穿，自我陶醉，忘记年龄和身份。其中的《不速之客》《六十大寿》《第二次葬礼》系列，就是当时的幻想小说，分别描写了未来几十年自己要做的事情。事后，我也的确是按曾经小说里设计的那样生活的。

正当忘乎所以之时，又开始第三代的抚养期了。身体条件还不错，新一轮育儿大任责无旁贷。辛苦是必然的，但看待事物的角度已然发生变化，事事都成为写作题材，每日再累也会抽空坚持小说写作；甚至白天的工作就是为了晚上的写作收集素材，真实的劳动完全是为小说创作，分不清育儿和写作哪个更重要，每时每刻都不断地告诉自己：为了小说要这样写，我必须这样做下去。意在笔前，不能成为好题材的育儿活动，尽量避免。

沧海桑田，又是二十年过去了。这段时期笔翰如流，积累了两千万字的写作量，长篇小说的思路非常明确，每日笔困纸穷，而且文字质量提高不少。在数量上，相当于 17 部《爱因斯坦文集》、60 本《曾国藩家书》、30 部《水浒传》，超过了《鲁迅全集》的三倍，《饮冰室全集》的一倍半，比《金庸全集》还多五百万字，涉及面也非常广，包括育儿、家庭教育、婚姻、物理、奥数、文史、财富等内容；体裁涵盖了小说、散文、诗歌、论文等。那段时期，是我一生中最重要的写作时期。

后来的十多年，身体不好，心情不畅，灵感尽失，写作停滞，以修改为主。尤其是前年八十岁的时候，胃还被手术切除了，食量又回到了婴儿时期，手无提笔之力。幸好有个好孙女，恩铭，她是聪明伶俐、文字功底极强的文科研究生，甘愿毕业后的几年里帮我整理过去所有的文稿。我不知道如何感谢她，因为她是我这一生梦寐以求的助手，生前有机会让我如愿以偿的人。我的一切都将托付于她。

就这样，大约五千万字的《好爸爸全集》著成了，其字数大约是《永乐大典》的七分之一、是《四库全书》的十六分之一，写尽了我一生的闲话，是小恩铭的六年努力。

我的时日不多了，但我对孩子们的爱都藏在这套全集中，不仅代表我自己，也代表前赴后继的无数普通父亲，他们也许不擅于写作、不善于表达，甚至羞涩于对孩子说一句“爸爸爱你”；他们只会辛勤劳作，不舍昼夜地为儿女、媳婿、孙儿女、孙媳婿们无私奉献，倾心竭力，殚精毕生，毫无保留地把一生都献给了继续享受幸福世界的你们。

希望你们愿意了解我们——曾经如何爱着你们……

注　此文获国网山西省电力公司“我的父亲母亲”征文一等奖

国网临汾供电公司

郑广芬

父亲的脚步

退休以后，遛弯成了父亲每日要做的功课，他用平凡的脚步丈量着生活的苦乐。

有一天，我陪着父亲遛弯，父亲喜滋滋地跟我说："你知道么，俺这些年走的路可以绕地球转好几圈了。"我笑了笑，嘴上没说啥，心里却想，老爷子真逗，是不是异想天开，您可知道绕地球一圈是多少公里吗？

我赶紧用计算器算了算，连自己都感到惊叹：可不是么！父亲退休后的前十年，他一天三趟每天要走三十多里路，一年下来就是一万多里地；第二个十年，每天还要走二十多里，一年也得走六七千里；如今，已是八十多岁的老父亲，每天仍然坚持走十多里地呢。这样一

算，我不禁肃然起敬，由衷敬佩！父亲的脚步印证了“千里之行，始于足下”这一生活哲理。生活啊，总是不经意间出现奇迹，父亲那平凡的双脚，集跬步至千里，却踏出一条最朴素的真理：走路就是健康，坚持就是快乐！

说起来，真的是挺不容易的。父亲是建筑工人，参加工作时在北京，工作四十多年，转战南北，足迹从北京、大同、桂林、柳州，最后落脚到侯马。踏遍了万水千山，建起了广厦万千。眼看着一幢幢新楼拔地而起，盖房子的没房住，别人住新房，他们只能住在工地上搭建的简易房里。1993 年，父亲退休。一下子从忙忙碌碌的工作岗位上退下来，日子单调而无聊。一天，父亲说：“人退休，自行车也退休吧。”从此，父亲开始了起步走，一天三趟出去走路，从不间断。那时候，父亲在高低不平的乡间小路上溜达着，看着那一片郁郁葱葱的绿色田野，春播秋收的庄稼地，一茬一茬播种着、收获着。后来，有了三五个人做伴，慢慢地，步行的队伍扩大了，聚集了二十多人，大家伙儿称父亲为“队长”。

走着走着，土路变成了柏油路，那片绿色田野上也修建起了新田广场和人民公园，周边柏油路也变成了井字格的四通八达宽阔的广场大道。马路宽了，环境好了，那支队伍也融入广场，成为一道亮丽的风景线。

父亲喜欢公园，广场公园也几乎成了父亲的第二个“家”，除了吃饭睡觉，父亲大部分的时间就消磨在这里了。

此中有真意。老人们聚集在一起，乐此不疲，他们走累了，就坐在长椅上晒晒太阳歇歇脚，或高谈阔论，漫谈国家大事；或忆往昔峥嵘，品味岁月过往。

什么奥运会要在中国办了，美国总统奥巴马来中国了，汶川地震了；徐才厚都被抓起来了，反腐败力度这么大，贪官们不敢再贪腐了；国家主席习近平外交手段高明，又到某某国家访问，说明我们国家强大，弱国无外交么……大事小情，好像没有他们不知道的。有时候老头们争论起来就像斗架

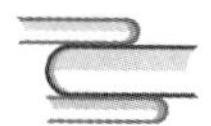

的公鸡一样，还会争得脸红脖子粗。

父亲喜欢听戏，这缘于 20 世纪 50 年代在北京工作时，他常去戏园子看梅兰芳、尚小云、马连良等艺术大师的戏，心里有京剧情结。现在听着广场唱戏，他还情不自禁地哼上几句，高兴时还会放开嗓子一板一眼唱上两句。

父亲总是说，你们别惦着我，好着呢。他最爱说的一句话就是，“现在多享福啊，要啥有啥，工资年年涨，政府修了那么大的广场和公园，多么好啊！”

一次我们坐着大巴车去调研，途经新田广场，正巧看见父亲在广场树林旁的人行道上走着。坐在高高的座椅上，我看着远处的父亲，不知啥时候起，高大壮硕的父亲似乎比以前变得矮小了。“那是我老爸！”我激动地叫着，指给同事看。“看起来精神挺好，就是背有点驼了。”同座的一句话，让我的眼睛有点潮湿，岁月啊，你施展了怎样的魔力，一点点一点点地消磨着一个人，慢慢地把挺拔如惊叹号一样的人拉成了一个问号！

时光从岁月的沙漏中一点点溢出。日复一日，年复一年，岁月的刻刀在父亲的脸上留下了刻痕，父亲用脚步细数着岁月的变迁、感受着生活的甘苦。

父亲继续前行着，一步又一步，缓慢而坚定。父亲的脚步在丈量，丈量着老年生活的健康、充实和快乐！

注　此文获国网山西省电力公司“我的父亲母亲”征文一等奖

国网晋城供电公司

李雪锋

我 的 奶 妈

夕阳西下，晚霞如飘扬在天空中的轻纱，将这个位于太行之巅的小小山城笼上一层薄薄的金色，也笼罩着位于县城西郊那个因搬迁而后起的村落——西掌洼。温柔的暮色中，一个身着青灰色斜襟布衫、头顶一摞黑色瓦盆的妇人，在雾霭缭绕的巷口小道上正蹒跚走来，越来越近，越来越清晰。

那便是我从前的奶妈，她已经沉寂在记忆里很久，很久。

还是从我们母女结缘说起吧。

我出生时母亲因没有奶水，急急地要找个奶妈。第一个是县城东关的一个年轻女子，第一胎孩子生下便没了。原本以为她年轻健康会奶水充足，没想到，许是由于悲伤

过度，竟一滴奶也吸不出来。几经辗转又到了西关一家，这家的主妇也是孩子没成活，正帮人奶着一个，快一年了，前些天刚抱走，奶水已略显不足。起先并不敢收，这家的爷爷和奶奶菩萨心肠，说是甭管怎样先叫这娃吃上口慢慢再去找。当她送过来的奶头被奄奄一息的我噙住的一瞬，这根爱的纽带就此系牢，我便有了这个奶妈。

奶妈姓和，名叫满秀，圆脸盘大眼睛，浓密的短发总是从额头向后拢，两支细细的黑色发夹中规中矩地别在耳后。个子不高却敦实，憨厚且能干。

记忆中我的整个童年都在奶妈家里度过（父母为躲避“文革”之乱逃亡在外，大概我太小没法带走）。据说我两岁那年得了肺炎，高烧不止。那个年代，到处充斥着派性斗争，医院也未幸免。县城之小，我的身份尽人皆知，被医院拒绝的同时，奶妈也饱受冷眼和诟谇。情急之下她决定冒次险——去找下台的老院长，时为城关医院的赵孝文院长家住西关，其时已被批斗。奶妈趁着夜色偷偷敲开了他的家门，院长开了一味药——青霉素，又悄悄指了条路：到最偏远的六泉乡镇医院试试，或许那儿的人不知底细。六泉乡地处陵川东北部，距县城大约四十公里，是陵川东之门户，可谓偏远。那时没有车辆通行，山高林密，山路崎岖，进出大多靠脚板。奶妈想办法联系上我一个在县城公安局工作的表姐夫，这个姐夫以前受过父母的恩惠，于是，不辞辛苦地一天一夜打了个来回，终于找回了救命的药；奶妈又不畏白眼和诟骂，每天背我去医院求护士打针。那份担当、那份爱，纵使亲生也犹不及。

在奶妈家里长到五岁时，逃难的父母回来接我回家。隐约记得奶妈是随我一起回的，等我和父母兄姐熟络几天后，奶妈才悄悄地淡出我的视野，我不知道自己哭闹了多久，可无济于事。现在想来，奶妈也不知偷偷地抹了多少眼泪呢。

后来许多年，只要在家里受了委屈我就往奶妈家跑，父亲去找，奶妈不

是把我藏到墙柜里，就是藏到放粮食的老古洞（很大的柜子）里，但总逃不过父亲的法眼。“别打吧！”奶妈一家人妥协而无奈地请求。每次领走，奶妈都偷偷地跟去好远，生怕父亲背地里再打我。

童年，在奶妈家度过的甜蜜时光一辈子也忘不了。

奶妈家里人特别多，爷爷奶奶，奶妈奶爸，我上面三个哥哥、两个姐姐，下面还有两个妹妹。家里虽然穷，但总有享不完的快乐。每次去，奶妈总能变戏法似的变出一些吃食，不是一把炒玉茭，就是一把炒豆子，有时还蘸了糖稀团成一团，要不就是外焦里嫩的烤土豆或者焦黄干脆的糠疙瘩。我知道，即便这些，她也已是倾其所有了。但是这辈子，我再没吃过那么好吃的食物。再有，就是可以无所顾忌地疯玩，爬树，跳塄弄得满身泥土，不用担心被骂，临走，奶妈总会把我拾掇得干干净净。

奶妈就是我万能的靠山。上小学的时候，学校每每组织田间生产劳动，铁锹扁担锄头箩筐奶妈家里不知是不是专门为我准备反正都是比大人用的小一号，就连扫地的笤帚也是细细的把儿，刚好我的小手能握住。那时候，只要在家里不敢提的要求，都找奶妈解决。有一年过六·一儿童节，学校宣传队排节目、安排我们四个女生反串老头子学“毛著”，演出要求身穿白色衬衣、头裹白色毛巾。可家里母亲早早就给我做了花衣服，还是当时最流行的“的确良”，很贵的。也许是从小在奶妈家长大的缘故，在自己家里倒胆怯，学校的安排我回家也没敢提，偷偷去找奶妈，奶妈就到处去借，结果借来一件旧得泛黄的男式衬衫，又把奶奶头上一条带蓝色条纹的白毛巾扯下。我就这身打扮上场，加上诙谐幽默的台词，反倒引来无数喝彩。

奶妈是乡下人，舍得力气，地里家里都是把好手。奶爸从小体弱，在队里干个保管，重活累活基本不沾边，在家更是甩手掌柜一个。奶妈便是忙完地里忙家里。有一年，俩哥哥都到了婚娶年龄，托了说媒的来，一看老少三代还挤在一个屋檐下，撇着嘴巴说啥也不肯进门。奶妈不吭气，随后几天在

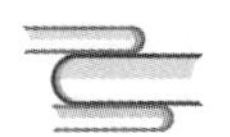

院里和房后转了好几圈，一天突然爆出个惊人的计划：盖房！东西偏房各盖两间。“啥？就咱这穷家？”全家人都诧异地瞪大了双眼，奶妈已是胸有成竹。原来，未雨绸缪，多年前奶妈种植在院墙外的杨树已有碗口粗，房后的林子也都成材，檩和椽有了，乡下姥姥家有老树或可做梁，土坯和石灰可以自制，爷爷在世的那些年就安上了房基。“费钱的就这些，到时候请个泥瓦木工，小工咱自己打。”于是，全家人在她的带领下，伐树，取土搗罄，下河里挖沙，进山里采石，垒炉炼石灰，有模有样地开了工。第二年秋天，嫂子就娶进了门。

奶妈还是个极富生活情趣的人。记忆中，小院低矮的土坯墙上满满当当地排着些“花盆”，说是花盆，其实是些漏了的砂锅、木桶之类，种了牡丹、芍药、月季等，还有一种花，它们的叶子形状像柳叶，边缘有锯齿，花形似蝴蝶，有白的、粉的、紫的、红的，等它们次第开放时，像一只只色彩斑斓的蝴蝶在院墙上翩翩起舞。那时还不知它叫凤仙花，奶妈管她叫并桃子，也叫指甲花，花开得极盛时，奶妈就摘些红色的花瓣和着明矾搗碎了抹到我们姐妹的指甲上，再拽片红豆叶儿包住，第二天一早打开，几只小手一起亮出，哇，粉红点点，美极了，足以让我们在邻居小朋友中炫耀个够。

初中以后由于学习紧张，在奶妈家待的时间逐渐少了，可上学、放学路过也总要跑进去兜一圈。有一年冬天，一大早天还没亮，跟同伴一起上学。学校离家半小时脚程，要在平时我们跑着去用不了十几分钟，可那天早上不知怎么两腿无力、脑袋发蒙，走着走着眼前一黑，醒来时已在奶妈家里。两条胳臂窝里乌青一片，印堂和下巴处被挤出黑黑的菱形痕迹，一根大号的缝衣针别在奶妈的袖口上，地上一堆擦过血迹的纸团，显然是奶妈采取了急救措施。原来我中了煤气。好险！我又一次得救，奶妈就是我的救星又一次被验证。

时光匆匆，转眼间我长大了，奶妈一头青丝已染白霜。1985 年那个夏

天，我从电校毕业归来，正赶上奶奶家迁居。几年前，老房子因街道扩改而拆，在西掌洼新修了一排十间的老式二层（一般下层住人，二层放粮食和杂物），这时的家境已有所改善。搬家那天我过去帮忙，到了中午时分，两个哥哥回去歇晌，奶妈一趟趟将屋里的物件往门外的拖拉机上装，我也拣自己能拿动的东西拾掇到车上。该搬粮食了。那种老粗布缝制的粮袋一袋能装小一百斤麦子，竖起来比奶妈的个子还高出许多。我要搭手，她不让，说我没干过重活看闪了腰。她跑到院里把手扶拖拉机倒到正门口，找几块砖头垫到轮下，返身到屋里将粮袋竖起来环腰抱住，左拽右拖，几下就挪到了门口，就着门槛放倒，半个粮袋已到了车上，再哈腰抬起粮袋两角嗨哟一声用力一送，整袋粮食到了车上。我佩服得不行。黄昏时东西基本搬完，剩下点簸箕瓦盆之类奶妈怕放到车上磕碰了，非要人力一趟趟搬动。我跟两个妹妹负责归置搬到新居的小物件，用旧挂历纸将老旧的箱柜裱糊一新，将被褥等物品搬到二层准备晚上睡棚上。因为新居的门窗还未安装，院墙也未来得及修建，新房地处瞭哨的城边，要不是房东催得紧不会这么着急搬。本来说好当晚我住下陪他们，已经很久没在一起絮叨了。傍晚时分，一向要求严格的母亲打发姐姐来找我回家，说是次日姐姐有个考试需要我当晚回去帮忙辅导。我只好作罢。往回走的路上远远地瞭见奶妈头顶一摞瓦盆徐徐走来，知晓我要回去后表现出一脸的无奈和不舍。这是最后一次与她对望，回头时奶妈头顶瓦盆的身影已渐行渐远，此后永远定格在那个朦胧的黄昏……

几天后的一个早上，天气格外晴朗，我和男友相约去离城五里的西溪游玩，西掌洼是必经之路。从奶妈的新居门前经过，未见她身影，打算中午返回时再进去。到了中午天气突变，狂风大作，电闪雷鸣，瓢泼大雨从天而降，山洪阻断了我们的归途。等到雨势较小，拖着被泥水扯断的凉鞋一瘸一拐回到县城时已是下午三点，远远地望见奶妈家门前围了很多人，两个妹妹也似乎望见了我哭着呼喊着奔了过来，我意识到不测，急忙紧赶几步推开人

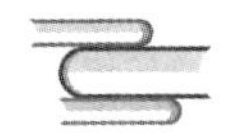

群跌跌撞撞奔到屋里。一张木床上躺着的正是我的奶妈，她已不省人事。在大雨将到之时，她将晒在院里的玉米簸拣装袋时头有点晕，进屋躺下……呼天抢地的哭声中，分明看到她眼角溢出的一颗泪滴，那最后的一滴泪啊！可曾包含了什么？是不舍，还是未尽的嘱托？

刻骨的痛，一度不能释怀。多少年来，梦里梦外寻遍她的踪迹，几经磨难后，却原来早已附着在了自己的骨子里：善良，坚韧，百折不挠！我苦苦找寻的不正是奶妈临终托付我的东西吗？

那份痛与爱逐渐释然，抬眼望去，巷口那个弥久定格的身影已然远去，愈走愈远，渐渐步入云端，飞上天堂。夕阳的余晖照耀着我，心里渐渐地暖起来……

注　此文获国网山西省电力公司“我的父亲母亲”征文一等奖

国网运城供电公司

王　烨

暖老温贫的婚姻

总听说，过了纸婚，又有什么七年之痒、珍珠婚、银婚，当然，最羡煞人的便是金婚了。而我的父母，就是其中的一对。他们携手走过了六十多个年头。六十年，多么漫长的一段岁月啊！六十年的日月里，能将小溪变成河流、水变成酒，乌丝也已成了白发——何况我的双亲的婚姻？长长的日月里，他们抚养孩子，照顾老人，而又义无反顾地相互慰藉，日子过得琐屑而庸常。

在我的记忆里，我的父母亲时常拌嘴，但他们却似乎从未动粗，从未摔过锅啊盆啊碗儿什么的。父亲总像唱京剧一样，张扬地骂一声，“骂声贞娘你不该应。”母亲在父亲的骂声中轻声低吟。母亲总是让着父亲。母亲柔弱、善良、温顺、内向，而父亲好强、能干、暴躁、外向，他们好比一个瓶子和瓶盖，凹凸有致，牵引补益，而又相互交融。所以，四十年，他们虽有争执，但从不分手。

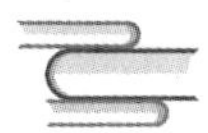

记得那日，父母亲来我家小住，父亲想去隔壁的大学散步，两人于是下楼，母亲在前，父亲在后，他们佝偻着腰身，两双苍老的手紧紧地挤压在一起，他们缓一声低一声，嗡嗡地说着话，小心，看脚底下——

窗外是深灰色的天空，我站在窗前，看着他们蹒跚地走过拐角，渐渐消失在我的视线里。两个人的模样让我想起一幅淡墨的晚景图，在夕阳下，天边一对恩爱的老夫妻，白发苍苍，他们或远或近或强或弱地相互凭靠，手拉着手走过了漫长的岁月：青年、中年、老年。先是两个年轻人，亲昵慵懒地倚在窗棂前看落雪的洁净；渐渐地，三个、四个、五个、六个，一个一个在地上跑了跳了；后来，孩子们都走了，去了城里。他们就是这样一点一点把一个小家垒成了个大家，岁月就是在他们这种不知不觉的累积中悄悄地溜走了，猛然回首，六十多年的日月里，我的双亲已是白发苍然。

两个小时过后，父亲和母亲回来了。母亲进门时，跟在身后的父亲搓着手，哼唱评弹似的喊，小心脚底下。母亲眯起眼睛越过门槛，回过头微笑着回一句，你也小心——

这只是父母无数个日月里庸常的一个日子。那日我赋闲在家，正陷入一篇女子的爱情当中，但我摊开纸笔，提笔刚写了两行，岁月的沧桑里 / 繁花满天 / 心若紫藤——结果就那样陷入到一种境界里痴过去了——我在碎花点点的日月里，看见自己的双亲苍老相依。父母一直生活在乡下，虽无锦衣美食，冬寒夏热的，但我觉得我的父母是幸福的。他们沉静地过着庸常的日子，他们的幸福就是粗茶淡饭里绽放的飞花落雪，穿在身上，满是梅花檀香。我想，他们没有诗意的日子必定隐藏着人间的至爱至美。

六十多年的日月里，我的双亲相互包容、相互隐忍，彼此依靠，也彼此伤害。但六十多年的日月里，他们两个人一直是幽幽静静、从从容容、勤劳节俭地过着悠长的日子。这样的婚姻情真意切，朴实无华，白云苍狗，也极尽了流丽之美。

有人说，婚姻是一把伞。这是个关于爱情最浪漫的比喻，充满了神性和洁净，纤尘不染。而我的双亲在这把伞里，温柔地过了六十年，它让我感到生命里隐藏的暖意。

我曾看过罗兰写的一些爱情故事，她笔下的碧天偎着海洋，充满了浪漫和洁净，没有瑕疵，淡青的色调将爱情渲染得一尘不染。在父母的婚姻里，我看见了爱情、苍凉和温暖，我觉得他们虽然没有诗人笔下那么生动、形象、浪漫，但他们会坐在掉了漆的旧椅子里，像轻柔的风，彼此湿润着对方的心，在渐渐两鬓飞雪的庸常日月里，博大、纯真而洁白。作为女儿，我是多么羡慕他们。其实，我是从父母的六十多年婚姻里，看见了人世间真正的爱情，没有繁花似锦、惊天动地、海誓山盟，但在静若秋水的光阴里，他们活得体面、沉静和从容，也许这就是那种我们常说的暖老温贫的婚姻吧。

我想，这大概就是。

注 此文获国网山西省电力公司“我的父亲母亲”征文一等奖

国网运城供电公司

李晓霞

和爸说说心里话

爸，这是我写作二十年来，第一次为您成文。拿起笔，往事如潮扑面，我竟不知该把笔落向哪里。

爸，您还记得吗，我上小学之前，就一直跟着表哥表姐们叫您“姑父”，而管舅舅舅妈叫爸叫妈。每年端午前夕、麦熟杏黄之时，正是您休探亲假的时候。您来姥姥家时，总会提着一网兜的甜杏和其他一些农村里根本见不着的糕点零吃。

端午时的天气已有些燥热，但您还是整整齐齐地戴着那顶缀有红五星的绿军帽，身上也严严实实地穿着那件佩有红领章的绿军装，一副英姿挺拔、意气风发的模样。您一来，便像一块磁铁，吸引着巷子里的大人小

孩，大家纷纷聚涌到姥姥家，争相目睹您的风采。

在家里一大群孩子中，您总是对我宠爱有加。每次见面，您都会一把把我举过头顶，然后让我坐在一侧肩膀上，说要称称我看分量重了没有，然后把我扛到那个固定为我测量身高的地方，让我顺墙站立，看我又长了多少，并随手从地上捡起一块土坷垃，沿着我的头顶做一道标记；最后您会把一个随身携带的绿色军用挎包递给我，让我把包里好吃的东西分发给哥哥姐姐及邻居家的小朋友们。

这个环节是最让我引以为傲的，每次我都出尽了风头，心中充斥着满满的优越感。您坐定之后，几个表哥就会从您头上摘下帽子，争抢着戴在自己的头上。那时候，您这个“姑父”是我们所有孩子心目中的偶像。

后来，我无意中知道了自己的“身世”。

原来，母亲在我姐姐两岁时，生下我和妹妹这对双胞胎，由于您远在江西，与母亲两地分居，身为公职人员的母亲无法担起照顾三个孩子的重任，便将还处于哺乳期的我，送到舅舅家让姥姥、舅妈代养。我口口声声叫着的“姑父姑姑”，竟是我的亲生父母；而我的“爸爸妈妈”，却只是我的舅舅舅妈。

自从知道了这一切，以前无忧无虑的我，突然就平添了不小的失落和无尽的烦恼。此后您再来时，我便和您生分起来，既不叫爸爸，也不叫姑父，只是默默地拿上几颗杏，悄悄地溜到巷口那家不住人的门洞里，吃杏砸核，并捎带着想想心事。

没有人会注意到一个小孩的心思。就这样，我怀揣着一份说不清道不明的忧伤，一直生活在姥姥身边，直到长成了一个大姑娘，十六岁的我才回到您和母亲的身边。

从我回到你们身边到我出嫁这短短的五年时间里，咱们之间就冲突不断。当时，您对学习尚好的我寄予厚望，唯恐我陷入早恋耽误了学习，可我

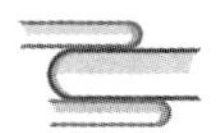

偏偏就遭遇了早恋。于是，我的逆反任性、您的简单粗暴，让一道本可以轻松化解的课题，演变成了一场镇压与反镇压的运动。结果可想而知，我没有跨入大学的校门，您对我的希望也变成了深深的失望。

此后经年，一道看不见的沟壑便一直横在你我的面前，您没有试图填平它，我也没有想要跨过去。成家以后，我更是很少回那个家，没有大事，咱们之间几乎都没有见面的机会。与正常的父女关系相比，咱俩怎么感觉都像一对陌生的人。

咱们父女关系的改变发生在 2006 年 8 月 1 日。

那天，与平常的日子没有什么不同，早上还和您一起打羽毛球的母亲，午饭后却突发心肌梗塞，虽送往医院，但终因抢救无效而撒手人寰。

您接受不了和您相濡以沫四十年、平日里身体比您还好的母亲，在没有留下只言片语的情况下，就把您一人孤零零地抛在了这个世界上，您用“天崩地裂、天旋地转、天昏地暗、天塌地陷”四个词来形容您当时的心境，多日的不眠不休使得您神思恍惚，几次都欲追随母亲而去。

看着您像飘零在秋风中的一枚枯叶，我心中的痛楚也是难以名状的，仿佛就在那一瞬间，我心中的愤懑一下子便消失得无影无踪，父亲年轻时，为了保家卫国都能抛家舍业，我为什么就不能摒弃前嫌，替母亲照顾好风烛残年的父亲？在这个世界上，还有什么东西能比血缘关系和挚爱亲情更值得珍惜，更让人难以割舍？母亲走了，照顾您的责任理应落在我们姐妹几个的肩上。

于是，安葬完母亲，我便把您接到了我身边，和小妹一起照顾您。姐姐时不时地过来，关心您的饮食起居，对您嘘寒问暖；远在临汾的妹妹也是一天一个电话，对您关怀备至，不厌其烦；我每天变着花样调剂一日三餐，中午午休时间为您读报，晚上睡觉也陪在您的身边。您像一个受到惊吓的孩子一般，惊慌失措，坐卧不安；我倒像母亲一样，对您万般呵护，不到三个

月，我瘦了十斤左右，您的体重却增加了七八斤，“一定是我身上的肉长到了爸身上”，我心里这样想着，还颇觉安慰。

时间是愈合伤口的良药。挣脱痛苦的泥潭，您用了三年多的时间，现在，您的精神面貌也越来越好了，家里又响起您爽朗的笑声，您又恢复了往日军人般的飒爽英姿，我们姐妹几个看在眼里，喜在心上。2016 年 8 月 1 日，是我母亲离世满十年的日子。我想，母亲在天之灵如果看到您今天的样子，也一定会为您高兴的。父亲，有我们姐妹几个的悉心陪伴，您的晚年，一定不会感到太孤单。

注 此文获国网山西省电力公司“我的父亲母亲”征文一等奖

国网山西检修公司

陈文正

吾家有“孩”初长成

“儿子，儿子，快教教我美拍怎么用，我也得让老李他们看看我打拳时候的英姿”；“儿子，儿子，快给我查查蒙山怎么走，我也要像老李他们一样骑车去郊游”；“儿子，儿子，你吃啥了那么香，我也要，我也要”……

说话的不是别人，正是我那刚步入“童年”的老爹——老陈同志。

说起老陈，那可是我从小到大的英雄啊。高大威猛，和蔼可亲，知识渊博，爱好广泛，简直就是我心中那完美的男神，套用一句流行词来形容他，那就是“明明可以靠脸吃饭，却偏偏要靠才华”。但是，

就这样一个集颜值与智慧于一身的男子却突然变了，不知从何时起他变成了一个“孩子”，一个爱吃、爱玩、爱问的“老孩子”。

我记得那是我上班以后的第一次出差归来，翻翻日历，我与老爸已有一月未见。当我满腹牢骚地想向他抱怨一下线路工作的艰辛时，他却叫嚷着要让我用第一个月的工资请他们老两口吃顿大餐。这还是老陈么？他平时最不喜欢下馆子了啊，怎么今天性情大变啊？不过，孝敬父母是本分，我二话不说便领着他们去吃了顿西餐。点了一桌的牛排、pizza（披萨），他却又发起了“小孩”脾气，这个不吃，那个不要，除了拿手机四处拍照，他干的最多的可能就是给我倒剩饭了，虽然是他一口没动的剩饭。让我请客，可又什么都不吃，老爸真的变成了任性的“小孩”了么？后来才听老妈说，老爸回去天天拿着手机向邻居的老伙伴们炫耀那个西餐厅，说儿子有多好，请他们大吃一顿，那叫个幸福啊之类的话。这下我可明白了，他原来是想炫耀一下儿子的孝顺啊，可又不舍得吃贵的，于是就上演了那么一出任性的玩闹。从那以后，老爸就开始了他新的人生角色：老小孩。

有一次我们去逛超市，他简直就像脱缰的小马驹一样，推着个小车在卖场里四处扫货。那可真是扫货啊，我绝未夸张，什么瓜子薯片之类的零食，什么火腿面包之类的正餐，什么果汁凉茶之类的饮料，他是统统没有放过，一股脑儿地全放入了购物车中。我说：“亲爱的老爸，你能吃了那么多？咱家离超市近，随时都能来啊。”他却反驳道：“不行，我就要，我爱吃，你管不着，给我结账就行。”说着把小车往身边拉了拉，好像生怕我抢走一样。看着这一幕，我就想起儿时每次去公园非要让父母给买一堆好吃的经历，不买就号啕大哭。看着双鬓发白的老爸，真是可气又好笑，这活脱脱一个小时候的我嘛！谁知第二天我出差，发现行李包旁边多了一个大书包，我问老妈这是什么，她笑笑说：“那是你爹昨天买的零食啊，他怕儿子在外面饿着，就都给你装上了。怕你不让买，他就说自己要吃，其实你还不知

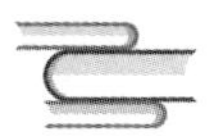

道，他这辈子除了一碗面，就没什么爱吃的了。”我刹那间语塞，不知如何回应，当自己还在揣测老爸为什么会变成“孩子”的时候，这个“孩子”却在用一种顽童的方式来展现自己的骄傲与对儿子的爱护。

老爸爱吃，更爱玩。自从我教会他使用微信，每天我的朋友圈都被他霸屏，从养生保健到心灵鸡汤，从名人励志到时政热点，只要我刷新朋友圈，绝对能看到他的状态。

一次我实在有些无奈，就跟他说：“你别转了，自己看看就行，不然朋友们天天看你的这些，会心烦的。”他像个做错事的孩子一样，不敢回应哪怕一句话，只是有些委屈地点点头，撅着嘴显出一副欲言又止的样子。说来也怪，以前都是我听他的，现在换成他听我的，从那以后，我再没有见过他一条状态了，这下我的朋友圈可是清净多了。可新的问题又出现了，原来嘻嘻哈哈的老爸后来几日见了我也不怎么说话，只是低着头鼓捣着手机，像个青春期叛逆的孩子一样。我觉得有些不对，便去找老妈求救，听老妈一说我才知道真相，原来老爸的那些状态都是转给我看的，他觉得这些东西对我的成长有帮助，可担心单独发给我会被我嫌弃他唠叨，于是就设置了朋友圈发状态仅我可见，表面上我是说怕他影响别人，其实他心里明白只能看到那些状态的我才是真正心烦的人，自然他就有些闷闷不乐了。知道真相的我为自己的轻率行为后悔不已，在一个父亲眼里，不论我多大，都永远是个孩子，是个随时需要被教育提醒的孩子。于是我跟老爸说：“老爸，我发现了微信的一个特殊功能，就是可以指定专门的人来看你发的状态，你一定不知道吧。我给你设置一下，以后你发就只会被我看到，而不用担心别人烦了。”老爸没有说什么，只是冲我露出了吃惊的表情，然后我俩就心照不宣地大笑起来，于是我的朋友圈就继续被他霸屏了，看着他满屏的状态，虽然我没有真正点开过几条内容，但我条条都要点赞，这些赞所显现出的桃心，就是父亲对我一个个的爱，我要时刻提醒自己，爱无处不在。

我记得儿时的自己喜欢问老爸各种问题，“树为什么是绿的”“天为什么是蓝的”“外国大还是联合国大啊”等等，他总是耐心地给我编着各种答案，虽然大部分在现在看来都有些天马行空，可那时的我就觉得他是本百科全书。但是岁月催人老啊，那时的“百科全书”，现在已经变成了“十万个为什么”，只要逮着空，他就会向我抛来一堆幼稚的问题，“这微信的消息怎么粘贴复制啊”“这百度地图怎么设置导航啊”“这手机怎么录制小视屏啊”“这手机字体怎么调大啊”……有好多东西我解释了三遍以上，他都是记不住学不会，“真笨，都快到退休的年纪了还学这些干嘛”，我心里默默地抱怨着，“真的无法想象我在熊孩子时期，他为了满足我的好奇心是怎么熬过来的”，于是我在教会他使用百度这个神器后，便一溜烟逃离了这个自认为让人上火的困境。哪知在我生日那天，我收到了一份这辈子最惊喜的生日礼物，那就是父亲自制的电子相册，粗糙的画风、朴实的文字、广场的音乐，但却充满了暖暖的回忆，充满了沉甸甸的爱。眼眶一热，我便扬起了头，就怕他们看到我眼里噙着的泪水。突然意识到，儿时的我发问，是因为好奇；现在的他发问，是因为爱。他不想让儿子觉得自己老了，他不想让儿子把自己像孩子一样照顾，他想向这个家证明，他还是一个可以制造惊喜的男神。

仔细想想，我真的错过了好多这个“孩子”的成长，当我忙着陪伴朋友时，当我忙着礼遇同事时，当我忙着专注工作时，我却忽视了我最该陪伴、礼遇，专注的亲人，他们没有感天动地的故事，没有波澜壮阔的人生，却有着世上最长情最无私的爱！爸爸，从今往后这个家就交给我吧，我会像儿时你把我举在头顶那样举起这个家。

注 此文获国网山西省电力公司“我的父亲母亲”征文一等奖

国网太原供电公司

武玉山

母亲今年八十三

仅仅两块大洋，吸食“料子”的姥姥竟然将年仅八岁的母亲卖了。几天后，母亲的姥姥和两个舅舅，也就是我的太姥姥和老舅们获知后，好话说了一箩筐，觍着脸凑钱又以几倍的价格将母亲赎了回来。从此，母亲一直跟着太姥姥和老舅、老舅妈生活，直到嫁给我的父亲。

每每谈起这件事，母亲神情祥和、平静，不像讲自己，倒像在讲述一件与自己毫不相关的事情。的确如此，姥姥后来又生了六个儿女，因为毒瘾，将本来很丰厚的家业败个精光，最终未能摆脱生活窘迫，以致当她病故后，连一副好的棺材板都没有，是我的母亲赶回老家奔

丧，组织同父异母的五个妹妹和一个弟弟四处借钱购买棺材板，并独自承担费用，为姥姥邀请县里最好的吹打班子，风光地将姥姥安葬了。“她肯定有自己的难处，不然不会这样做。”母亲总会这样讲，言语中无任何埋怨和不满，眼神中流露着满满的亲情。

这就是我的母亲，今年已八十有三，耳不聋、眼不花，前几年腿脚利落，走起路来呼呼生风；即使这几年身体有些差了，依然在街坊邻居中，是一个聪明利索、勤快干净、通晓事理、思想前卫的老太太。

在我们的心目中，母亲一直以来给我们的印象就是干净利落、聪明能干，无论是住平房还是楼房，屋里屋外，一尘不染；不仅家里干净，自己浑身上下也衣着得体大方，收拾得利利索索，是一个十分爱美的老太太，这都源于她曾经是一名裁缝。嫁给父亲后，她被安排到矿上裁缝铺工作。基本没上过学的母亲硬是凭着自己的刻苦努力和辛勤钻研，不仅很快学会了量体裁衣，而且因技术过硬，还成为裁缝铺的负责人，领导着八九个员工，将缝纫工作干得风生水起、有声有色，母亲也因此练就一手做衣服的绝活儿，成为公认的缝纫大师。我们姊妹五个，父亲那点微薄工资每月几乎所剩无几，是母亲下班后，在家中收揽一些替人做衣服的活儿挣些零钱贴补家用。每天晚上，母亲的缝纫机一直要响到深夜。由于母亲技术好，只要看一眼做衣服的人，基本不用尺子量，做出来的衣服就很合体、大方，母亲因此在我们居住的那里非常有名气，逢年过节，找母亲做新衣服至少需提前两个月预约。

母亲由于会做衣服，对自己的穿衣打扮非常讲究，买回来的衣服常常不合体，自己在缝纫机上又裁又改，直到满意。还自己买上布料，做了一个时尚且非常实用的小挎包，每当出门，背上自己的小包，精干，洋气。前年，我的一件短袖下摆太长，以往掖在裤腰里也没啥，母亲看到后说，我给你改一改。母亲剪掉长出部分，用缝纫机扎好边后，又用电熨斗熨展，前后也就半个小时。那一年母亲八十岁，当我将“八十岁老母帮我改衣服”的小文配

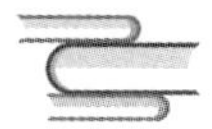

上图片发到微信朋友圈时，赢来一片喝彩声。

母亲还是一个十分手巧的人。除了会干各种家务外，包粽子是她的拿手绝活。母亲包的粽子个头大，共有五个翘角，有棱有形，非常饱满；不仅外观漂亮，粽子里面的东西也很讲究，除江米外，配以红枣、核桃、葡萄干、蜜饯等等，口感极好。前些年没有高压锅，包好的粽子要在火炉上一锅一锅煮，既要看着火不能灭，又要看着锅里的水不能干，每次煮好后差不多天就亮了。当我们吃上热腾腾的粽子时，母亲那疲惫的眼神里满是幸福。如今八十多岁的她，每年的端午节依然是她十分看重的节日，早早就到集市买好了江米和粽叶、马莲，为我们兄妹几家包粽子；包好煮熟后，电话通知我们去拿。前几年身体硬朗时，她还会拎着粽子一家家送上门去。每次都包好多，冻在冰箱里，给在外地上学不能回家的孙子们留着回来吃。

母亲在 54 岁那年，生活发生了较大变化。那一年，57 岁的父亲因病离开了我们，孤身一人的母亲一下子苍老了许多，恍恍惚惚，有好长一段时间回不过神来。那时我刚刚有了儿子，母亲帮我带孩子，打发无聊时光。我的孩子上幼儿园后，母亲便又孤独起来，且日益加重。我们兄妹五个都不在她身边，无法照顾她的起居。在热心邻居的相劝下，母亲与一位丧偶老人相识了，彼此了解一段时间后，再婚大事摆上日程。因为听多了老人再婚后引发的种种矛盾，母亲在这件事上表现出了前所未有的明智。她提出三点意见：一是因年事已高，只是老来做伴儿，彼此照顾，共度晚年；二是新家安在母亲这里，一块儿生活；三是遇有重大疾病，由各自儿女负担，不给对方家庭添麻烦。别小看这三条，这可是在 20 多年前，由几乎不怎么识字的母亲提出并经双方同意的。

事实证明，母亲和那位我们称之为叔叔的人，互相尊重，相濡以沫，互依互靠，一直以来相处得非常融洽。虽然有约在先，几乎也是废纸一张。我们和叔叔关系非常好，叔叔家的孩子和我母亲也很和谐，无论双方谁有病痛，我们两家儿女都能把对方看成是自己的亲人，给予极大的关爱、帮助。尤其是去年母亲几次住院，叔叔都要赶到医院，不顾我们劝阻，陪母亲在医院住上几天。叔叔的儿女们也很善解人意，与我们亲同手足，谁家有什么难事，大家一起想办法解决；遇有喜事大事，都要在一起团聚庆贺。20 多年来，两位老人没有红过一次脸，双方儿女更是亲上加亲。

每每在电视上看到有老人再婚后，因为房产、存折、赡养等事宜闹得不可开交、纠纷不断，甚至对簿公堂时，我们就不得不敬佩母亲的聪明和大智。这不是自私，而是赋予了另一层意义的无私。我们也深深理解了“妈在，家就在；妈不在，兄弟姐妹是亲戚”这句话的含义。每当休息，我们兄弟姐妹们携家带口回到母亲和叔叔那里，一大家子共享天伦之乐；叔叔家的孩子们也会在节假日上门看望两位老人，送上满满的祝福，其乐融融。

我也在此祝愿我的母亲和叔叔健康长寿，永远快乐。

注 此文获国网山西省电力公司“我的父亲母亲”征文二等奖

国网阳泉供电公司

王亚鹏

背　　影

望着父亲的背影，我突然就想起了朱自清老先生的经典名作《背影》。

今天，武汉大学研究生学院在国网山西省电力公司电力党校组织学员集中复试和面试。大清早六点半，我和公司的 30 多位参加过入学考试的同事们一起坐上了开往太原的大巴。

从发车地到高速公路入口处，大约有半个小时的车程，大家似乎都没睡醒，昏暗的车厢内，大家沉默不语。今天的天气分外寒冷，大巴车师傅没给我们启动暖风空调，一路上，我感觉有点冷，紧裹着大衣。我的嗓子有点干痒，好长一段时间就是好不了，今天感觉有点厉害，一路上不住地咳嗽，而且越来越严重了。

大巴车停下了，大家都透过前窗向外观望。可能是太原那边下雪了，高速公路暂时封闭。有同事下车打探到了消息：估计 9 点以后才能放行。于是，带队的小胡安排大巴车返回太行新城（距高速入口处大约五六公里的一个城乡结合地），让大家就近吃点早餐。我父母家正好就在这附近住。

根据省公司安排，我在太原挂岗工作一年多了，平时工作忙、压力大，只有在周六、日单位没事的时候我才回阳泉。短暂的两天休息，我放弃与朋友聚会、放弃外出游玩，只希望能多在家陪陪孩子，或者多干点家务活儿。平时都是妻子操持家务和接送孩子上学，父亲每天都要从太行新城乘坐 106 路公交车到开发区（大约 10 公里，公交车行程约 40 分钟）给她们娘儿俩做饭。周六、日我回来后，不想让父亲再奔忙，也就给他“放假”，让他在家休息了。但这样一来，却使我们见面不多了。

父亲下周准备去北京和我母亲团聚，他们准备在妹妹家过春节，我们可能过年后才能一家团聚。吃完了早餐，时间还早，同事们都回车上等着去了。我跟小胡请了个假，想回家看看父亲，却怕万一高速通车会耽误大家时间。小胡劝我别担心，车能走的话他会给我打电话的。

敲了几下门，屋子里面的父亲问我是谁。门开了，父亲还没穿好衣服，他一副惊讶的样子：怎么一大早回家来也不提前打个招呼？我进门后告诉他，今天准备去太原，不巧高速封路了，我才顺便回来看看的。

父亲很快就穿好了衣服，问我吃了早餐没。尽管我说吃过了，他

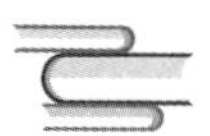

还是不放心，一定要去厨房给我做饭。我在厨房费好大的口舌才拦住他，告诉他一大车的人在等着我呢，我在家待一会儿就得马上走。我一边咳嗽一边问他，家中是否有治咳嗽的药。父亲翻了半天也没找到药，只找出一盒消炎药。父亲给我端来一杯开水，让我先服下。他说附近有家药店，他去给我把药买回来，让我在家等着他。我告诉他说，我自己一会儿顺路买吧，反正也该回车上去了。他不肯，他说他有医保卡，刷卡就能买，不要我再费钱了。

这时我的手机响了，小胡告诉我，高速路已经放行了，叫我赶紧回去。我跟父亲说“算了吧，我得赶紧走了，不能让一大车的人等我啊”，我有点焦急了。父亲迅速穿上外套、换上皮鞋、戴上帽子，要跟我一起下楼去。外面太冷，我怕父亲着了凉，劝他不要出去，但他太固执了，一定要去。

楼梯上，我的手机响了两次，车上的两个同事不约而同都给我打电话催我赶紧上车。父亲听见了我的通话，三步并作两步迈下了楼。刚一出单元门，父亲已经甩我很远了，留给了我一个背影。一路上，我小跑着，却赶不上他。

父亲今年 62 岁了，没想到他能跑得这样快！此刻，那个奔跑着的背影突然让我感到了一种似曾相识，想起了朱老先生笔下描绘的那一幕：他父亲笨拙地攀越铁路线，只为给儿子买一袋橘子。

马路转了个弯，我寻不见了爸爸的背影。我并没有像朱老先生那样能清晰地记住父亲的衣着和动作的每个细节，我只记住了一个笨拙而又迅速奔跑着的背影，他对我是那样熟悉：正是那个辛劳奋斗了大半辈子，扛起我们一家四口人生活重担的背影；那个在我小的时候，搂搂（土话，小孩子骑在大人脖子上）起我正月十五看花灯的背影；那个一直养育着我、关心着我、呵护着我的伟大的父亲的背影！

匆忙中，我并没有发现这条老路上还有药店。我超出了药店，在两个小超市里各瞭了一眼都没找到父亲，只好在路边等着；远处，大巴车在公路边停靠着，看样子车已经发动着了引擎，我很担心车上的同事们望见我在这里磨蹭会抱怨我，所以我尽量缩在靠墙根的地方等父亲。

正在焦虑中，眼前倏忽间跑过一个身影，正是父亲！我赶紧叫住他，他气喘吁吁地塞给我两盒药，叮嘱我一定要按时吃药……

我拿着药，来不及往挎包里装，匆匆忙忙地照直跑到了车上。我没顾得上回头跟他道一声别，眼里却一直都是他奔跑时的那个背影。大巴车缓缓启动了，我心里被一种莫名的失落和伤感笼罩着。

我 35 岁了，爸爸也老了，爸爸一天比一天老了，我不能在他身边好好孝敬他，只在为自己的工作和事业奔忙着。为了解除我的后顾之忧，爸爸放弃了与妈妈的团聚、放弃了他喜爱的麻将桌，却在为我和我的小家庭奔忙着。工作上，我付出了不少时间、精力、家人的团聚……也许在朋友们眼里我的工作还算不错，不能算是低收入家庭；也许在同事们的眼里我有点落后，事业尚需继续努力；也许在亲人们的眼里我有一点消极悲观，因为我在太原奋斗了一年的结果却还是回原单位原岗位……其实他们并不是很理解我。

今年 7 岁的孩子，是我最深的牵挂。一年多了，他一天天长大，他常会在电话那头问我什么时候回家，他很想我；妻子也告诉我，孩子在周一早晨起床后，会一天天数着日子，盼望着周五快快到来。孩子曾天真地问我："能不能跟你们领导说说，把你调回阳泉工作啊？"

我有点彷徨了，其实我一直都在迷惑着：对于我最珍贵的是什么？真正的幸福是什么？我到底在追求什么？这恐怕是一个人要用一辈子的深思感悟后，才能正确回答的三个问题吧。

注　此文获国网山西省电力公司"我的父亲母亲"征文二等奖

国网晋城供电公司

陈晓青

童话，讲不出再见

茫茫戈壁滩上，在酒泉卫星发射基地，一群情绪复杂的老兵结束了他们平淡但严谨的戎马生涯，整装待发。一封电报的不期而至暂时冲散了分离的忧伤，他们中的一位士兵收到妻子为他诞下了千金的来电，他的心都要呼喊起来：我的女儿，我可爱的女儿！她长什么模样？一定是个粉妆玉琢的小丫头！在接受战友的纷纷道贺时，他的心早已经飞回了故里，飞到了妻子、儿子，还有，还有那未曾谋面的女儿身边……

那位士兵是你，那个女儿是我，不过，粉妆玉琢好像与我无关，用黑不溜秋形容最为合适。长大些，当我总是被长辈或同龄人笑话皮肤颜色时，你总是开玩笑说：“我在戈

壁滩上晒了六年，基因突变，你应该感到荣幸啊！你是我军旅生涯的见证人。”我总是刁眉耸眼对你送予白眼。

五岁之前是小孩子的二次元时代，懵懂到什么也记不得。我从二次元时代回到三次元的时候，你已经是位英俊的精壮汉子了，听说，你是县里武装部部长；听说，你每天能佩戴枪支上下班；听说，你管着很多当兵的叔叔；听说，你威风凛凛！

每一个飞扬跋扈的女人背后都至少有一个宠溺她的男人。从我记事起，我的脾气已经是不折不扣的大小姐脾气了，被你宠溺的。只要有空，你每天都会去幼稚园接我放学，当身着绿色军装的你小跑着出现在班级门口时，总会引起一阵不小的惊呼，那是来自女老师的。你总是礼貌地回应着来自异性闪闪发光的眼神，弯腰抱起黑着脸的我，我总是卡着小蛮腰大声责备：“来这么迟？”你总是嘿嘿笑着用手指刮我的鼻子，我总是在躲闪中被你逗笑，搂着你的脖子在女老师殷勤的送别语中走出校园。我坐在二八飞鸽自行车的前杠上，你俯下身轻声细语让我不要把手指放到前面的夹把里，怕夹着疼。这时你总会从口袋里拿出一块粉红色的纱巾，把我黑不溜秋的小脸整个蒙住，在后面打个小结。“讨厌！我不要蒙脸！”我吼道。“这样好，我的姑娘就不会被风吹啦！呦，多好看。”我撒着一天没见到你的小脾气，一边在和你的斗嘴中迎着风，任粉红色的纱巾在自行车的前行中贴在我的脸上，听着你在我头上骑车的呼吸声，我也用嘴巴使劲呼气，把纱巾弄湿，再拿嘴巴咂吧咂吧。哼，一股烟味！“今天买什么好吃的了没有，爸？”“呀，没有，忘了。”“哼……”“怎么了，生气了？”“哼……”“哈哈，在口袋里呢，瓜子，回去和哥哥吃。”“哦，回去我分，一人一颗地分，我能数到一百了！”“好，回去你分。”这时，我对这个别人口中的陈部长好感倍增。你的自行车就像一个流动的杂货店，车把上或车座后有时会是一包瓜子、一袋花生，有时还会是一只烧鸡、一条猪尾、几个苹果，有时还会有我喜欢的洋娃

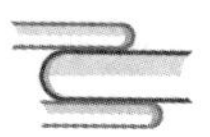

娃。我总是习惯性地抢上前，摊在妈妈的国民床单上开始分货，你的，我的，妈妈的，哥哥的分不清的时候我就把你们的分少点，把自己的藏起来，你总是看着我的小伎俩故作被骗大呼小叫，我总是嘻嘻地笑着赖皮。

我上学了，你托战友从上海买了粉色的小洋装、喇叭裤。你瞅着我：“看我这粉妆玉琢的小丫头！”我骄傲得像个小公主般踩着红色的小皮靴踏进了学校的大门。因为是子弟学校的缘故，学校离家近了，你不用每天接送，但只要“老天爷”稍有点风吹草动，你总是第一个站到学校的房檐下，手里拿着外套、雨衣加雨靴，这么齐全的装备，我应该是牵着你的手回家的吧？可记忆里在每一个关于这样的天气里，我都是被固执的你背在宽实的背上一摇一晃地聊着天回家的，这样的记忆甚至蔓延到了我叛逆的青春期。

周末的早上，你会拿着从鸡毛掸子上拔下的鸡毛轻轻挠我冒着鼻涕泡的鼻孔，直到睡眼蒙眬的我打着连续的喷嚏从梦中醒来。妈妈三班倒，不在家；大我八岁的哥哥早已不屑与我为伍，早早地奔跑到了篮球场上。喂我吃完早饭、穿好衣服，晨光里的你精神抖擞地搬出你那辆飞鸽“宝马”，我知道，好日子又来了！翘着两个被你扎得不整齐的朝天辫，我坐在车子前杠上，和你一起，和你的“狐朋狗友”们会合，妈妈是这样说的。那群叔、伯一见我，就会大呼：“黑丫头又来了呀！”我和你同时露出白森森的牙齿礼貌性地回笑，只是，我总想咬他们一口：我有那么黑吗？！我、你还有你的朋友一起在水库边钓鱼，大鱼进篓，小鱼你都给我放入一个玻璃罐子里，让它游来游去。钓鱼结束，你会顺便跳到水库里游个泳，你经常搞的名堂就是大喊：“丫头，爸爸下去了！”话没说完，你就挥挥手呼地一下沉入水底，不见了踪影，我等啊等，很久都不见你上来，我就开始急：“爸爸！爸爸！老陈！陈部长！”随着周围一片笑声，你哗地忽然从水底探出头来，小时候以为你真会神仙钻洞，长大了才知道那叫憋气。有的时候，你会带我去打野兔，在打野兔的东奔西跑中，撞到一只花灵鼠，后来这只花灵鼠成了你和我共同养的第一只宠物，是只怀孕的花灵鼠；再后来，家里养了七只花灵鼠。当田野上的风吹起，我和你来到田间地头，给花灵鼠捉蚂蚱，蚂蚱真多呀，全软乎乎的，你说，那是蝗虫，老百姓今年的粮食又要绝收了。第一次看到你的神情那么严肃。

周围的人都说咱们家是重女轻男，对此，妈妈也颇有微词，她总是说，看把这丫头惯得，简直无法无天，整天玩得像个小子，想要天上的星星估计你都能给摘下来。你总是嘿嘿一笑：“姑娘就是用来疼的，我疼我这小棉袄。”其实，对哥哥你又何尝不疼呢？每天睡觉我都会看你给哥哥掖被角；每次买好吃的都有哥哥的，我从来没吃过独食；哥哥每次上学，你都会悄悄跟在身后送出很远凝望很久。只是因为，你们都是男人；只是因为，因为服兵役，你和哥哥整整六年没有亲近，六年，正是一个男孩成长的黄金岁月；六年，你把六年献给了戈壁滩。

我叛逆的青春期揭开序幕的时候，哥哥成人了，你的额头长起了细密的白发，你和我不能再像小时候那样四处游走玩乐，整个家庭开始进入一种非常重要的人生阶段。你的头发开始一根两根三根地如同秋天的树叶一样脱落，形成了人们口中的“地中海发型”。逐渐发胖的身躯开始微驼，带给我无数快乐的“飞鸽宝马”车也有了吱吱呀呀的声音，在沉闷的冬天，你穿着黑色的马夹坐在那里擦拭它的瞬间，组成一幅无比灰暗的画面，让我感到深深的厌恶。我不再让你去学校接我，不，准确地说，不许你再靠近我。每晚睡觉的时候你都会例行公事地来我房间转几趟，以前的我很享受你的这种探视，每次都会用装睡来享受你的关爱，可现在的每一次关爱都成了不胜其烦的厌倦，愤怒地把自己想象成了生活在监控器下的不自由的生灵，你每次进到房间我都会冲你大吼：“出去！出去！”你不在意，仍旧摸摸我的头、掖掖被角，我会烦躁到一脚蹬开被子：“你烦不烦！让不让人睡觉了！”你看看我，退出房间，轻轻带上门。我不再盼望下雨天，不再盼望着你拿着各种

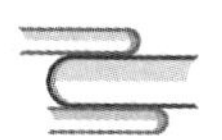

雨具出现在教室门口，我渴望自由、我渴望淋雨，我渴望有一把男孩子的伞伸向我，而不是你！但爱情这件事好像没有很早地眷顾我，最后的结果都是我无奈又恨恨地坐在你那辆破旧的“飞鸽宝马”上跟着你回了家。

上学、毕业、参加工作、恋爱、成家、生子，我的生活在你的精心呵护下一帆风顺地那么理所当然。你老了，工作也发生了变动，你成了纪检书记，耿直的个性让你惹下不少人。每次看着你的义正词严，我都觉得你就是个不折不扣的“傻瓜”，有必要吗？我嗤之以鼻地过着自己的“潇洒”生活。不知从何时起，你的电话越来越频繁，早晨上班前打，中午吃饭时打，晚上睡觉时打，电话的内容不外乎吃了吗？没什么事吧？早点睡。面对着你越来越啰唆的言词，我开始逃避，不接你电话、不回你短信，甚至，连看你和妈妈的次数都逐渐减少，有时实在拗不过你执拗的电话问候，我会没好气地敷衍，会不耐烦地没等对面的你说完就把电话狠狠地扣掉。直到那天，在美容院里正在享受护肤的我接到哥哥的电话，关于你生前时的最后一个电话，你正在被抢救的120急救车上，心脏病突发。

不知道自己怎么到的医院，到了的时候，你已经躺在那里一动也不动，妈妈在哭，哥哥在哭，你的朋友们也在哭，我蓦然停住了脚步，想抬脚，可我却好像被孙猴子的金箍棒定住了一样，无法移动，我直挺挺地躺了下去，脑壳在地面发出一声闷响，很多人，很多人围了过来。你们来干吗？去看他，看老陈！我心中呐喊，嘴巴上一个字也喊不出来。脑袋有些疼，我瞪着医院雪白的天花板，我一骨碌翻身起来，向你爬过去，我扭曲着身体向你爬过去，估计像极了《午夜凶铃》中的贞子，我在哭吗？应该是的，我感觉到泪水肆虐地爬过我的脸庞；我在喊你吗？可为什么胸膛里嘶喊到生疼，嘴巴里一句话也出不来？我生气，我用力喊：爸！爸！老陈！可一点声音都没有，声音堵在声带边缘，一句话都没有！我吻你，吻你的脚，谁把你袜子脱了，做心电图吗？吻你的手，还带余温的手，它那么无力地耷拉着，我把它放平，你短短的指甲还是那么整洁，一如你的人。吻你的唇你的脸颊，如同一个女人吻过自己的爱人。我把头靠在你怀里，如同小时候每天晚上在你的怀里缠着你讲童话故事《海的女儿》，还有那个讲谎话鼻子变长的匹诺曹……你怎么没像往常一样摸我的脑袋，轻轻呢喃我的小名？你死了吗？当我终于能从喉咙里发出像泼妇骂街一样响彻云端的哭声时，你走了，彻底走了，世界上那个最疼我的人走了。

你走后的那个冬天，晚上我都会一个人出来走走，也只有寒冷能让我的心冷静地燃烧，火焰般的温暖里包裹的是关于你和我的童话，那童话像一幅幅素描，素描出一个男人和一个小女孩最快乐的时光，那个男人是您，那个女孩是我。您是上天派来的天使吧？保护我在唯美的童话里不受到任何伤害。爸，我会做个好人。下辈子我们还做父女——您做女儿，我做父亲。

注　此文获国网山西省电力公司“我的父亲母亲”征文二等奖

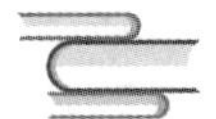

国网长治供电公司

李　铠

我的“小炉匠”老爸

我的老爸有个绰号叫“小炉匠”，此绰号由来已久。

听爷爷说，父亲打小就喜欢拆装各种玩意儿、研究各种机械玩具，家里凡是有点“内容”的东西就没有不被他拆过的。父亲读小学 3 年级时曾把家里一个不用的钟表改装成一架发条动力拖拉机玩具，着实引来很多小伙伴甚至家长的围观和赞赏。那时，他每天就喜欢鼓捣，敲敲这儿、打打那儿，小发明小创造层出不穷，大家都说他像个“小炉匠”，于是，这个绰号就在老家大院里被叫响了。

有一次爷爷买了一台收音机，可能是那种最原始的“矿石收音机”要知道，那个年代这玩意可不是家家都有的。“这个里面竟然能传出声

音！太神奇了。”趁大人不注意时，父亲总想着拆开来看个究竟。从那时起，父亲便痴迷上了电子制作。父亲十多岁时就能利用捡来的废漆包线和炮弹壳制作电动机，再安上风叶就成了一台电风扇。炎热的夏天能吹上电风扇，周围充满了羡慕的目光。

而在我印象里，父亲的最得意之作就是一台9寸黑白电视机。当时为了制作这台电视机，父亲省吃俭用，到处托关系购买零部件，对于买不到的“变压器”，就自学缠绕变压器，之后又花了几个月时间进行组装调试，父亲晚上下班一回家就钻到工作台边开始鼓捣，一会儿翻看资料，一会儿测试元件，一会儿又写写算算，吃饭时也不忘看图纸，简直到了痴迷的状态，为此，母亲跟他没少生气。

父亲只有高中文化，凭着这种痴迷，硬是将各种家用电器的电子原理和维修技巧研究到了家。小到电动玩具，大到冰箱电视，没有父亲修不了的。那时家里时常堆满了邻居和朋友家送修的各种家电。记得有一年腊月二十八，邻居李叔家电视坏了，眼看春晚就要播出，这可咋办，急得李叔用床单裹了电视便扛了来。父亲当下就拆开电视后盖，边用皮老虎清理灰尘，边安慰李叔：“先回吧，保证不耽误你看春晚！”大牛是吹下了，故障却要耐心地一点一点查找。又是万用表，又是示波器，折腾到半夜终于找到了问题。可没有配件无法修复，第二天一大早，也没跟李叔招呼（知道他不懂），父亲自己骑车到市里买来配件进行焊接安装，很快就让电视机恢复了正常。李叔抱走电视机时问父亲花了多少钱，父亲憨笑说：“只换了几个电阻、电容，不值钱的。”晚上李叔硬拖父亲去家里吃饭，还喝了二两小酒，回家让母亲好一顿奚落：“看把你美的，搭上功夫还赔上钱……”可父亲不以为然：“你不懂的……”

父亲在单位也是出了名的维修大拿。车、钳、电、焊、木、漆、锻、铣无所不能。记得有一次，是个下雨天，那时还没有手机，连固定电话也不

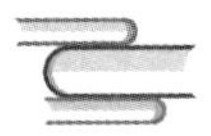

普及，我和父母正在家里吃晚饭，门外传来了急促的敲门声："老李，老李在家不？"父亲急忙开门，原来是他的两个同事，他们推着自行车、披着雨衣，湿漉漉的头发还往下滴着水："厂里有急事，跟我们辛苦一趟吧！"父亲没二话披起雨衣推车就走。"可能会很晚，你们早点睡，别等我。"话音甩在茫茫的雨夜之中。次日清晨父亲回来后母亲问起，才知道是厂里机器出了问题，为了赶时间完成生产任务，才连夜修好，怕机器再出问题，就在厂里盯了一宿。

还有一样物件是我记忆深刻的——光感电动窗帘。也许这个发明在今天一点都不受欢迎，因为它会在早晨太阳升起时自动拉开，想睡懒觉的感觉瞬间被打破。之所以提起电动窗帘，是因为我觉得这是我们家第一件"智能化家电"，这在当时让人觉得很不可思议，智能的或者说自动的东西让人感到神奇，给生活带来方便和情趣。每当有客人来家里做客恰巧太阳落山遇到窗帘自动关闭，客人总会感到特别神奇，问起是怎么做到的，父亲总会乐此不疲地慢慢解释，久而久之，再有客人问起时我便抢着说出来，父亲在一旁乐呵呵地说："小玩意，不值一提。"

我上大学那几年，家里经济拮据，为了能让我安心舒适地学习，父亲那段时间没少利用休息时间在外面"揽私活"，帮小加工厂维修机器、加工各种机械部件、安装维护照明设施等。当时"爬高上低"干了不少重活累活，原本身体一向不错的父亲由于长时间蹲坐，落下了腰椎痛的毛病，此后只要稍微累点就会犯病。这些事直到我大学毕业时才听母亲说起，听了后我心里直埋怨父亲太傻，背地里却暗暗落了泪。

如今，父亲早已退休在家，除了时常修理一下家里的水、电、暖之外，又有了新的嗜好——拉二胡，每天抱着一把舅母送给他的小二胡练曲子。父亲自认为是很努力了，却总感觉不是那个味儿，埋怨二胡不好，发挥不出水平。为此我专门从网上给他订购了一把专业二胡，父亲一拿到二胡就对它爱不释手，就连骑车去公园遛弯也把二胡装在包里斜背在后背装“大师”范，像孩子得到心爱的玩具一样到处炫耀。

不善表达也许是遗传了父亲，每每忆起往事总有什么噎在嗓子里，也许就是一句“爸爸，我爱你！”——深藏心底却总也说不出的话。

注　此文获国网山西省电力公司“我的父亲母亲”征文二等奖

国网晋城供电公司

苗小利

父　母　老　去

父母的变老，是一个缓慢的、逐渐的过程，有如树木的颜色，从夏至秋，在不经意间，由浓绿转为枯黄。

平时回父母家总是来去匆匆，很少能体察到他们身体及神态的细微变化，所以很多时候，我忽略或遗漏了时光对他们一点一滴的蚕食和吞噬。

国庆节放假，我在家陪父母小住几日。在与父母面对面、膝促膝，仔细端详他们的时日里，我突然间有了一阵阵强烈触痛的感觉，因为父母在岁月的侵袭下已明显地老了。

母亲脸上的皱纹日趋渐深，白发几乎覆盖了整个头

部，记忆力迅速衰退，身体变得慵懒而笨拙。父亲本已瘦削的脸更加清瘦，腰背也更佝偻了，干农活明显迟缓吃力，精力体力衰减了很多。

记忆中原来每次回家，父母天不亮就会早早起床，父亲总是把院里院外洒扫得干干净净，一会挑水，一会浇菜地，一刻也闲不住；而母亲也总是把屋里的被褥叠得整整齐齐、桌子柜子抹得一尘不染。父母都是爱干净的人，一生如此。可这次他们却有了不可抗拒的力不从心。

心理上也变得缺乏承受力了。 父母原本都是脾气平和开朗的人，遇事豁达大度；可如今一点不顺心的小事，都能影响到他们的心情。他们开始变得敏感而脆弱，为生活中一些鸡毛蒜皮的小事常常争执不休，斤斤计较。有时家里一个突然响起的电话都会让他们心生恐慌、心有余悸，他们潜意识里开始害怕突然而至的东西，开始变得怕东怕西，心事重重，唯唯诺诺。

有时看着他们，意识忽然会产生一瞬间的恍惚，眼前这对年迈老人，就是含辛茹苦抚养我们姐妹四人长大的亲生父母吗？深长记忆里，他们曾经是那么顶天立地、那么精力旺盛，曾经笑声朗朗，也曾经健步如飞。在家乡清贫狭窄的小院里，他们一天到晚忙忙碌碌，永不停歇，用日出而作、日落而息的劳苦精神全身心孕育我们。虽然生活的拮据、物质条件的匮乏也一度使小院被愁苦笼罩，但小院里的欢腾热闹和生机勃勃却一直都占据着我的脑海，挥之不去。

记得那是一九八九年，我以晋城市第一名的优异成绩考上了电力中专，父母为此欢愉良久；同是那一年，父母承包的果园也获得了前所未有的丰收，红红绿绿的苹果个挨个地压满了枝头，像是要把树枝压弯了的样子。看着这些苹果，父母喜在脸上愁在心里，虽然获得了丰收，但销售苹果却成了我们家的老大难问题，因为我们根本没有什么交通工具能把这些苹果运到城里去卖，也没有什么熟识的销售渠道。可为了把苹果变卖成钱，筹集我到太原上学的学费，父亲每天担着箩筐走街串巷地去卖苹果。有时担着一二百斤

的苹果要走上好几个乡村好几百里地才能把苹果卖掉，而收获充其量也就是十来块钱。那段时日，父亲每天天不亮就要起床，带上一天的干粮出发，每天都是太阳西下才能回家。虽然每天累得筋疲力尽，但心里却溢满甜蜜快乐。父爱如山，父亲那时高大、健壮的身影永远定格在了我的心里，温暖了我很多年。

几年前，为了照看父母方便，我省吃俭用，凑钱买了一辆私家车，每隔一段时间，都会带孩子回家看看。随着回家次数的增多，亲情的分量感觉陡增了许多。我甚至开始自责，在以前少不更事很长的年龄段里，因为疏懒、因为沉湎于所谓的梦想和追求，把对他们的亲情挤在了心里之外。现在才明白，自己许多事情做得不妥，当我慢慢意识到重新把父母放回心里的时候，他们已渐渐地老了。

前段时间，父亲因为身体不适，去矿务局医院做了胃镜检查。因为父亲是个老胃病，从我记事起，他就一直被胃病纠缠困扰，对此我们也去过不少医院，结果都是胃炎、胃溃疡之类的，并无大碍。所以，对父亲的病我已经习以为常。

可这次父亲竟没和我们任何人说，而是找了我在矿务局工作的表哥，事后我把父母的行为理解成不想耽误我们的工作、不想打扰我们。但我也清楚地知道，父亲肯定是怕自己真的有病，想故意隐瞒我们。

胃镜的结果真的非常让人担忧，父亲胃的底部长了一个大约一公分的瘤子，虽然医生一再强调瘤子可能是一个良性的肌瘤，还需要到大医院进行进一步确诊，但在父母的心里，这一刻已掀起了狂澜，心绪再难平静。

接下来的日子，父亲开始变得烦躁不安、焦灼多虑，常常莫名其妙地和母亲生气，大发脾气。

等父母忙完农活，11 月份，我即刻请假带着父母来到长治和平医院。面对即将发生的一切，我也开始变得不安和害怕。在等待检查结果的时候，

我无数次地告诉自己要坚强，要镇定，但我的手脚开始变得冰凉，意识开始不间断地停顿；并且我一直在心里默默地祈祷，希望父亲此次能够平安无事。我尽量不去看父亲的脸，不去读他脸上任何的表情，但好几次，当我的目光和母亲无意中相撞时，母亲传递给我的也都是恐慌的、无助的、孩子般求救的眼神。心疼像一柄柄利剑再次向我击来。可见父母是真的老了，担不起任何事了。

谢天谢地，全家担心的肌瘤被医生肯定地排除了。从医院出来的时候，泪水从我眼里夺眶而出。我背过父母，紧张而慌乱地擦拭。此时此刻，对父母心疼和依恋的程度再加一层。

父母一辈子一直过着贫寒的生活，可他们却非常满足。他们多次在我面前提到，庆幸自己的儿女都很孝敬体贴，让他们过上了衣食无忧幸福的晚年；同时好多时候，他们也在村里邻居人面前表达这种思想，他们是那么骄傲满足。身为子女应尽的义务，在他们那里却被视为了最珍贵的馈赠。

每次到父母家，母亲总是变着花样做我们爱吃的东西；临走的时候，总是瓜果蔬菜大包小包地给我们带满车。

多少次，我告别父母返回城里，父母总是站在送我的村头，久久伫立，不愿离去。我知道，在我们离开后的日子，父母亲的日子一定是孤寂的、无所依附的，他们唯有的希望是盼女儿下一次的归来。

见一面就少一面了。以这样的节奏频度，还能够见他们多少次？每每此时，我就强烈地意识到生命的短促和生命的虚空。父母越来越老了，他们在不可避免地走向一个归宿，一个一切生命都将在此聚会的所在。

生老病死的自然规律无法对抗。如果真到那时，熟悉整齐的小院里将不再有他们忙碌的身影，眷恋热爱的黄土地将不再留下他们年迈的足迹，故乡的一切将因为没有父母双亲的存在而变得空洞无物。那时我们的心会是怎样的疼痛？会是怎样被割裂开来？

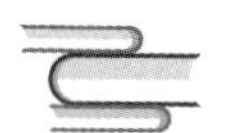

生死离去，阴阳睽违。如果能够和他们永生相随，我想我愿意拿出一切去置换。然而这是不可能的。面对那必将到来的日子，我们别无选择。

树欲静而风不止，子欲养而亲不待。作为儿女，我们唯有在他们尚存人世的时候，好好去陪他们、好好去温暖他们，当真的有那么一天，他们永远别过我们的时候，我们不会遗憾、不会愧疚。因为面对这个铁定的结局，我们曾做过最好的抵抗。

注　此文获国网山西省电力公司“我的父亲母亲”征文二等奖

国网晋城供电公司

葛翠萍

心 碑

清脆的叮铃声划破了夜色，一辆老式二八自行车在路灯的影子里穿行，一个小女孩坐在爸爸车子的前梁上，晚风舞动着小女孩的裙角，一个稚嫩的声音问：

“爸爸，你为什么每天这么晚下班啊？”

“哦，今日事今日毕。”

“什么是今日事今日毕啊？”

“也就是说今天的事情今天必须完成，不能放到明天。”

“放到明天就坏了？”

“哈哈，丫头说得对，明天就出毛了！”

这就是我的童年，充满了无

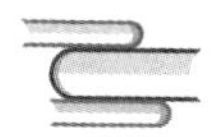

数的为什么和对爸爸无限的依恋，记忆中那时的市区很小，父亲单位和我家的距离也就五分钟，我习惯于下班时在门口期待父亲自行车的铃铛声，经常是等到太阳落山还见不到爸爸的影子，失望之余就跑到父亲单位去，因为深知父亲是个工作起来就废寝忘食的人。父亲的办公室恰好在邻街的一楼处，夜幕中那盏泛黄的灯光就是我心中的“神灯”，过去后调皮地趴到窗户上敲打几下，父亲也会意地敲打一下，接上暗号之后便开心地坐在父亲的自行车上一起回家，我快乐得像一只展翅的小鸟，父亲悦耳的口哨声和清脆的铃铛声交织在一起，奏成了我童年时最动听的交响乐！如今，自行车清脆的叮铃声还时常回响在我的耳边，让我感觉恍如昨日。

任时光飞逝、任光阴枯萎，在我心里始终有一座心碑，这座心碑千钧伟岸，屹立在我灵魂的最高峰，铭刻在我内心的最深处，拂去岁月的灰尘，翻开思绪的扉页，每当触碰到那鲜活的往事，总是让我心酸、让我遗憾，同时也给我鞭策和温暖，但给我更多的则是无尽的思念和伤痛，因为他离开我已有二十多年了……

在我的记忆中，深夜的台灯和他伏案的背影是我心目中永远难忘的一幅剪影，这就是我的父亲，一名老电力人，把他最火热的青春和年华都无私地奉献给了他挚爱一生的电力事业。20 世纪 70 年代，父亲电专毕业后被分配到了电厂，从此和“电”结缘。父亲个头不高，不善言辞，眉宇间锁着一股英气，额头的皱纹里铭刻着岁月的沧桑，父亲的专业是变电设计，父亲最壮观的财富就是满家的书，一卷卷的图纸总是堆满了案头，父亲对待工作特别严谨认真，总是说：“设计就相当于电影导演，要把所有的人物和情节安排得恰到好处，才能赢得观众和口碑。”父亲是这样讲的，更是这样做的，图纸上的每一个细节都要经过严密的数据计算和实践论证，才能形成一套完善的图纸。建一座变电站需要进行大量的前期勘测，为了“恰到好处”，为了具备更高的安全性和合理性，父亲要时常下工地去勘探和调研，经常是一去好几天，披星戴月地奔波于人烟罕见的荒郊野外，总是风尘仆仆在半夜才能归来。看到父亲又黑又瘦的样子，母亲总是很心疼地给父亲开小灶做点好吃的，但父亲总是舍不得一个人吃，总说自己吃好了而后留给我们，看着孩子们蜂拥而上的吃相，父亲会沉浸在无比的喜悦中。

父亲最大的兴趣就是研制各种电器。我家有一个闲置的房间，那是父亲的工作室，里面放满了各种电气工具和书籍，桌子上总是放满了林林总总的零部件和电路板，父亲把所有的精力都投入到电力专利的研发中，父亲经过长时间的技术攻克，研制出了高效便捷的脉通校表台，并跑遍了省内大大小小的生产厂家进行研制，最终在反复的试验后生产出了样品机，并经过专业机构的审核和批复运用到了工作中，很大程度地改进了校表的精确率和自动化性能。父亲成为那个年代电力行业稀有的研发人并获得了荣誉。同时父亲还经常制作一些小家电，精致的台式半导体、镶着金丝花纹布的落地收音机，还有线条优美的落地台灯，在那个时代能拥有这些电器绝对是一种“时尚”。我每天抱着父亲“私人定制”的小收音机，准时收听每天中午的《岳飞传》和晚上的《小喇叭》，那是我儿时的必修课，以至于能对其中的故事如数家珍，这也成了我后来热爱文学的启蒙老师。父亲制作的许多电器已随着岁月不知去向，但电力设计室的许多图纸上，还依然能看到父亲的签名，我好像又依稀看到了那个伏案的背影、那个风尘仆仆的身影，不禁潸然泪下！

父亲的业余爱好很多，读书、象棋、书法、喝茶、烹调和会友，会友则是最重要的事情。严格来说，会友就是工作关系的一种延伸。父亲在工作中带了几个徒弟，工作中父亲很严厉，对徒弟们的工作和学习要求一丝不苟，把工作的严肃性和精确性视为生命中的一部分，不允许有任何的瑕疵和隐患，兢兢业业、鞠躬尽瘁始终是他的工作操守和职业精神；但在工作之外，父亲则是一个童心未泯的顽童，经常把徒弟们和同事们带回家，

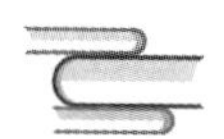

把自己绝手的厨艺展示一番，红烧肉和皮冻是父亲的招牌菜。盛夏的夜晚，星星眨着眼睛，蛐蛐儿唱着小夜曲，火红的石榴树下，几碟小菜，两瓶老酒，再加上此起彼伏、兴高采烈的酒令，令师徒们玩得忘乎所以，常常是喝得不醉不归，我们姐弟们也参与其中，哪个叔叔输了酒我们就给他扎小辫、扮花脸，阵阵的欢笑声和酒令声交织在一起，如今还经常回荡在我的记忆中，那种浓浓的师徒情、同事情、朋友情，构成了父亲最为自豪的"财富"。

小时候父亲总和我们姐弟们一起玩捉迷藏、扭秧歌、唱红歌，玩得不亦乐乎。但后来随着我们年龄渐渐长大，父亲变得越来越严厉，而我则变得越来越内向，外表是乖乖女，内心却充满了思想的叛逆。假期在父亲的引导下练习毛笔字，父亲要求"不急不躁、凝神专注"，父亲给我写的一句"书山有路勤为径，学海无涯苦作舟"，当时并不懂其中的含意，不以为意地照猫画虎。父亲给我讲滴水穿石的道理，要我一遍遍地用毛笔蘸着水在石板上写字，但我总是写不了一会儿就不耐烦了，然后找各种理由偷懒、逃避，每天泡在金大侠的武林世界里和红楼梦的女儿国里，把父亲的话当作耳旁风，甚至于和父亲顶撞、犟嘴，直到有一天，直到那一天……

"大夫，你告诉我这是真的吗？"

"小姑娘，是真的，很残酷，你父亲的生命大约也就是半年了。"

"这不是真的，一定是做梦，我不相信，我不相信……"

我撕心裂肺地哽咽着，泪如雨下，我拿着病历诊断书的手和腿在剧烈地发抖，扶着墙跪倒在医院走廊里，长长的走廊一片漆黑和冰冷，看不到尽头，那一刻，我的天塌了，我的家也塌了，那心碎的痛哭声只有窗外的风能听懂，呜咽着我的心痛和伤口，父亲那年刚刚五十出头……

之后，为了能陪伴父亲走完生命中最后的旅程，我计划陪父亲去省城医院做化疗，母亲身体不好，弟妹年龄尚小，所以我必须挑起家里的重担。我

毅然悄悄地写了辞职书，因为我知道，刚参加工作不到三个月，单位不会允许我请半年多的长假。在那半年时间里，我和父亲共同忍受着被病魔折磨的痛苦，也用意志共同支撑着。父亲住院初期，经常有来看望的同事，父亲看到他们的到来很激动，但因为做了手术不能说话，所以只能通过写纸条做语言交流。父亲似乎有千言万语，但又表达不便，情绪很激动地用肢体语言比划，看着在场的每一个人都很揪心，我躲在一旁不可抑制地泪如雨下。同事走后，父亲则默默流泪，他怀念他热爱的工作、思念他昔日的同事，但这种情况导致对病情很不利，医生提出建议尽量避免病人情绪的起伏，所以，为了不惊扰父亲，保证一个安心养病的环境，后来我们拒绝了所有的看望，包括他情同父子的徒弟们。我为了不让父亲知道实际病情，每次都把药瓶上的说明书偷偷撕掉，白天、夜晚都时刻守在父亲身边，有时父亲睡着了，我会抚摸着他干瘪的手，看着那因长时间输液而硬化的针眼和青筋，默默地祈祷和流泪；父亲醒了，我必须马上擦干泪水笑脸相迎，陪他散步，陪他看书，陪他下棋，因为我知道，每坚持一天都不易。后来随着病情的恶化，父亲不能下床了，甚至不能独自上厕所了，每次上厕所我都需要找别的病友帮忙，背着父亲上厕所；有时找不上人，情急之下我就背起父亲，踉踉跄跄地蹒跚在病房里。父亲豆大的汗流在我脸上，我豆大的汗又淌到了父亲脸上，直到有一天，父亲用微弱的声音对着我的耳朵说："丫头，我早就知道病情了，我的时日不长了，不用再浪费精力了，咱们回家吧！"我再也控制不住压抑的泪水，抱着父亲号啕痛哭。

就在刚刚踏入家门的当天凌晨，父亲永远地离开了这个世界，离开了和他同甘共苦的母亲，离开了他尚未长大的孩子们，离开了他挚爱一生的电力行业，走的时候没有闭上双眼，父亲或许还有未了的心愿，或许还有千言万语，或许还在等待他的同事和朋友们……

他的徒弟们之前就听说师傅今天要回来了，天刚刚亮就急切地来看望，

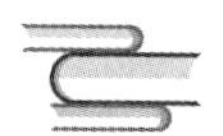

结果一进家门，没有看到父亲的笑容，看到的是父亲在墙上冰冷的遗像，所有的人都失声痛哭。

“师傅，我们来晚了。”

“师傅，我们来看您来了。”

“师傅，我给您带来了您最喜欢的茶叶。”

“师傅……”

但已经是天人永别了，自此，生死两茫茫。

出丧的那天，阴暗的天空飘着鹅毛大雪，老天也似乎在撒着纷纷扬扬的纸钱为父亲送行。父亲的徒弟们抬着棺材，我和年幼的弟妹们披麻戴孝地捧着父亲的遗像，泪水和雪花迷离着哭红的双眼，同事们、朋友们、亲友们一路相送。熊熊的火焰燃烧着各色花圈和各种纸扎，然后化作黑色的蝴蝶飞向天空，和飞飞扬扬的雪花交织在一起，漫天飞舞，让人肝肠寸断！看着永远长眠于黄土之下的父亲，伤心欲绝的我因虚脱竟然昏厥了过去……

我以为我飞离了红尘，我以为我陪父亲去了天堂，但没有！生活还得继续，路还得继续，但之后我变了，性格变得孤僻而冷傲，脸上再没有往日甜美的笑容了，心里的丧父之痛深深地刺伤着我，我感觉我一无所有了，那颗流血的心伤痕累累，让我自卑，让我冷漠，我经常把自己独自关在家里发呆，还经常一个人默默地坐在路灯下沉思，有次竟然坐着就睡着了，隐约之中耳边传来一阵清脆的叮铃声，一辆老式二八自行车在路灯的影子里穿行，我坐在爸爸车子的前梁上，晚风舞动着我的裙角，一个稚嫩的声音问：

“爸爸，你为什么每天这么晚下班啊？”

“哦，因为爸爸很忙啊！”

“那你多会儿有时间带我去玩啊？”

沉默，无尽的沉默。

“爸爸，您怎么不回答我啊？”

扭头猛然间发现爸爸不见了，茫茫的深夜只有我一个人骑着车，我拼命地向前追，边哭边喊：

“爸爸，你不要走，等等我，等等我……”

我歇斯底里的大叫着、挣扎着。

“小姑娘，你在叫谁？”

我一睁开眼睛，是一个推着自行车的阿姨，阿姨看着我满面的泪痕，不知发生了什么事，无比关心地督促我赶快回家。我一看表竟然快晚上十点了，站起身来拖着沉重的步伐，漫无目标地走在冷清的大街上，在人生的十字路口徘徊，我不知身在何处，不知下一站是何方，跋涉着我人生最为灰暗的一段日子，直到后来，在父亲徒弟们的帮助下辗转进入了电力系统，从此为我拉开了人生的新序幕。

我开始了奋斗地征程，从一名描图员开始，晒图、裁图、策划、营销、设计、广告、装饰、管理，一步步走来，一天天成熟，向着我的目标和理想前行。每当我遇到困难、挫折、迷茫时，总会有一个声音激励着我勇敢前行、总会有一个力量为我扬起风帆，我始终秉承着“正直、善良、感恩”的家训一路前行！我时常要在内心里说 ：父亲，我为有您这样的爸爸而自豪，如果有来生还做您的女儿！您的女儿已经长大，我一定不会让您失望和蒙羞，因为，在我的身体里永远流淌着正直的血脉和骨气，永远流淌着你刚正不阿的品性和气度，即使赢不了战场，也不能输了志向。

又是一年“清明时节雨纷纷”，每每来给父亲扫墓时，都会欣慰地看到父亲坟头的那棵挺拔的大树。那是当年埋葬父亲时，我们姐弟们用杨柳枝做的哭杖，当时插在了父亲的坟头，没承想几根干瘦的枯枝，竟然经过寒冷的冬天后生根发芽了，而且年复一年长成了参天大树，郁郁葱葱如同一把大伞，日夜守护着父亲的灵魂。这棵树就是我的心碑，伟岸入云的心碑，永世

不朽的心碑，在风雨中顽强地屹立着、生长着。

我想，待到春暖花开时，必将枝繁叶茂，生生不息！

注　此文获国网山西省电力公司“我的父亲母亲”征文二等奖

国网阳泉供电公司

王亚鹏

骄　　傲

妈妈永远是我的骄傲！

记得我九岁那年暑假，妈妈带我去北京旅游。在王府井一家商场，有对外国夫妇想购买一件紫色风衣，由于语言不通，他们和女售货员比划了半天，嘴里咕咕叽叽的，而售货员也急得满头大汗。旁边的顾客以为他们在吵架，围观的人越来越多。

不远处，妈妈和我一直在观看这一切。突然，妈妈似乎下了个决心，鼓起勇气，穿过人群，径直走入“人圈”内。妈妈冲他们友好地一笑，结结巴巴地用英语同那对外国夫妇对起话来。原来，这对夫妇

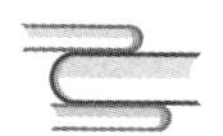

来自南非，他们选中了那件紫色风衣，想问问售货员冬天在北京穿件这样的风衣是否足以御寒。

周围人群的目光渐渐在妈妈脸上聚焦了，她的脸颊早已红透了。尽管紧张，妈妈还是左一句英文、右一句汉语地耐心地为他们翻译。

终于，外国夫妇付了钱，拎着装好风衣的手提袋满意而去，女售货员不住地感谢着妈妈，周围人群也在啧啧地称赞声中散开了。猛然间，妈妈的脸颊在我眼里变得无比美丽。此刻在我心中，我第一次发现：妈妈是多么伟大啊！激动、兴奋之中，我陶醉在自豪与幸福的暖流里。妈妈，我为您骄傲！

妈妈中学毕业后就回村务农了，农闲之余，她酷爱学习英语。勤劳肯学的她劳动两年后就被公社推荐上了山西大学，学习英语专业。1975 年，22 岁的妈妈毕业后被分配回老家县里的一所中学，圆了她当一名英语教师的梦想。自此，在她从教的三十多年里，先后辗转了三个单位，无论在哪个地方，妈妈都从未间断过学习。

1979 年，妈妈调入阳泉市的一所中学后，凭着勤奋学习和努力工作，她的英语水平不断提升，一批批优秀高中生在她的辛勤耕耘下圆了象牙梦。她本人多次被评为优秀班主任、十佳教师、模范教师等，她还是阳泉市骨干教师之一，她的教研论文多次在省级刊物上发表。在阳泉三矿，妈妈是位“名人”，矿区和市里的很多家长经常领着孩子来家里请她作课外辅导。得益于妈妈的影响力，我从小学到初中总是被周围的人们关照着，从未吃过亏、受过屈。有时候，我听见长辈们在介绍我时，总是会首先说我是谁谁谁的儿子。每每此刻，我心里就像打翻了蜜罐儿，更感骄傲无比！

妈妈是英语教师，我要是学不好英语，岂不被人笑话？从初一学习字母“A、B、C”开始，我就把十二分的精力放到了英语课上，我的每次考试成绩几乎都是满分，甚至在中考时，我的英语基础分也得了满分。由于成绩突出，自然而然地，我被班主任选为英语科代表。记得当时班里同学都很羡慕我，其中也有嫉妒我的人，他们知道我妈妈在本校的高中年级教英语，认为班里老师都在关照着我，即使回了家也有老妈给我作辅导，所以就认为我有先天优势啦。其实，妈妈一心都扑在她的学习和授课上，对我的学习她是“漠不关心”的。至于同学们那些天真的猜忌，我既觉得真可笑，也觉得更自豪了！

我刚参加工作时，白发苍苍、体弱多病的妈妈还在学校任教。每次我回家里看她，依然像从前一样，她的床头柜上总是堆满各式各样的字典、词典，和一份份英语学习期刊和报纸，枕头下面压着的那台我在北京上学时买给她的复读机，早已由原来的蓝色磨成了白色。我总劝她不要再辛苦学习和工作了，该是安度晚年享清福的时候了！每当此刻，她那慈祥的鱼尾纹会瞬间紧皱起来，笑着对我解释：如果躺在床上不看看书，她是无论如何也睡不着的……

现如今，尽管妈妈已经退休多年，却依然没有享清闲。我妹妹是北漂一族，孩子刚 5 岁；我妹夫又常年在外地工作，家里只能靠我妈妈来帮助照料，我和妈妈聚少离多。好在有互联网和微信，我们时常通过网络嘘寒问暖，她常常传授我教子之道，我也时常跟儿子讲起他奶奶的故事，鼓励他好好学习，特别是学好英语，将来能够走出国门，做一个能让我骄傲的好孩子！

注　此文获国网山西省电力公司“我的父亲母亲”征文二等奖

国网忻州供电公司

周　茜

我已长大，你还未老

不知道是不是父亲节要来临的缘故，最近打开所有的公众号都是有关亲情的信息。国网山西省电力公司文创会群里也十分热闹，每天阅读大咖们的作品都感觉口齿余香。而我翻看之前自己写过的文章，发现竟然没有一篇文章是写给父母的。

我习惯用文字来记录心情，可写了那么多文章，有写给自己的、写给朋友的、写给爱人的、写给孩子的，甚至有写给我家猫咪的，唯独没有一篇是写给父母的。是因为太熟悉，熟悉到如同空气一般可以忽略不计了吗？

我突然有些汗颜，决定也为父母写些只言片语。可能我的经历不如诸位丰富、

我的文笔不如诸位优美、我的感情不如诸位深沉，但我所描述的，是我最真实的生活、最朴实的情感。

我的爸爸是一位线路工人，他为忻州电力的输电事业奉献了所有的青春与能量。爸爸不善言辞，对我疼爱方式就是默默地宠溺。他是唯一一个肯吃我剩饭的人，唯一一个一起出门我可以不带钱包的人，哪怕现在我已经奔三了，爸爸还会时不时接送我上下班。

爸爸对他干了一辈子的线路工作有着本能的热爱。去年冬天大雪，宁武输电线路覆冰，我拿着微信上线路工人们在冰雪中工作的照片问他："老爸，要是现在单位人手不够需要你上，你上不上？""肯定上！"爸爸回答的干脆利落，没有一丝犹豫。爸爸经常教育我的话就是珍惜现在的生活，好好工作，不求回报，利益面前不要和别人争抢，工作面前别人不干的咱都捡起来干。他在我心中就是一位标准的劳模。

我的妈妈也十分出色，印象中似乎就没有她不会的东西。在单位，她是颇受领导器重的骨干；在家中，所有的家务都信手拈来。我一直以为"妈妈"就是超人的代名词，直到有一天我也当了妈妈，才发现不是所有妈妈都能做"超人"的。但她并不是传统的任劳任怨的主妇，她的生活非常有情调。妈妈性格活泼，时不时还会冲我和爸爸撒个娇卖个萌，没事的时候还报了兴趣班，走走模特步、跳跳扇子舞，经常跟我讨论哪个牌子的面膜更好用。一起出去吃饭，她会说："哎呀不能再吃了，我得保持身材。"

妈妈思想新潮，说起网络流行语比我还溜，若干年前我第一次网购还是妈妈教给我的。前几天我跟妈妈撒娇抱怨说最近工作忙，黑眼圈都熬出来了，妈妈云淡风轻地来了一句："工作中的女人最美丽。"

爸妈妈现在生活安稳幸福，唯一需要他们操心的，就是我了。

其实想来，我算是一个幸运的人。作为爸妈的独生女，从小到大一直被呵护得很好，没有经历过什么挫折，除了上大学那四年，我一直都和爸妈在

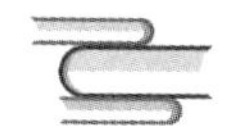

一起，即使现在结了婚，也和爸妈保持着“一碗汤”的距离。

老公工作忙，经常一出差就走半个月。为了不耽误我工作，爸爸妈妈就过来照顾我和孩子的饮食起居。到了饭点儿我要是没回去，一准儿电话就过来了。我跟同事说我就跟一小学生似的，每天还有家长监督我按时回家吃饭。同事说，那你多幸福啊！

是啊，我多幸福啊。年近30还有爸妈在身边呵护，还能在爸妈膝下撒娇耍赖，每天下班还能吃上爸妈做的饭菜，而我也力所能及帮他们创造更好的生活。

我让爸爸妈妈办了护照，跟他们说要趁腿脚还行多出去走走，费用我来出。两个人就听话地手牵手去了好多国家。

我给爸爸妈妈置办了好多新衣服、买了新手机，把自个儿舍不得用的名牌口红送给妈妈。

今年爸爸妈妈结婚30周年纪念日，我送了他们一对钻戒，并在酒店好好操办了一场仪式。看着妈妈开心地笑得像个小女生，我觉得特别知足。

前两天我带着孩子回爸妈家吃饭，饭后四个人躺在一张床上聊天。我突然发现，此刻这个世界上所有跟我有血缘关系的直系亲属都在这张床上。我躺在爸爸妈妈中间，听他们开心地逗弄着我的孩子；彼时晌午的阳光斜斜地从窗外射进来，刺得我竟然有些想要流泪。现世安稳，岁月静好。那一刻多希望时光静止，爸妈不要老去、孩子不要长大，我们就这样一直一直在一起。

的确，对于自己爱的人，任何语言都抵不过一句“在一起”。

世界上最美好的事莫过于“我已长大，你还未老”。我有能力报答，父母还算年轻。光阴正好，我们还有大把的时间在一起，在一起共度美好时光。

注 此文获国网山西省电力公司“我的父亲母亲”征文二等奖

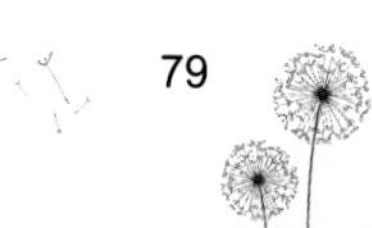

国网吕梁供电公司

范玲坤

忆父亲　话家风

父亲离开我们整整七年了，但他的音容笑貌时常浮现在我的脑海中，他用一言一行树立的无形家风，永远铭刻在我的心中，时时鞭策着我走好人生的每一段路程。

父亲出生在民不聊生的旧社会，从小饱尝生活的艰辛。为了谋生，1949 年 8 月父亲在老乡介绍下，先后在石家庄同庆京剧团、寿阳剧团、交城晋剧团从事灯光布景工作。1956 年交城县成立发电厂父亲就调到电厂，1960 年正式成为电业局的电工。作为交城电力创始人之一的父亲开始了他与电三十多年的不了情，直

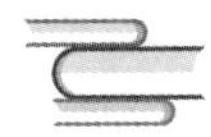

至退休。父亲生前虽然没有给我们留下家产，但他勤劳做事、厚道做人的高尚品质让我受用一生。

忠诚敬业，热爱党、热爱电力事业。经历过新旧社会两重天的父亲，发自内心感谢共产党。常听父亲说，我爷爷参加抗日活动，他还从地道里帮助共产党人送过信，我从他的语气里可以看出，他对送信这件事引以为荣。在我的记忆里，父亲是好党员、好电工，对工作特别认真负责，兢兢业业，任劳任怨。父亲退休前在交城电业局城市值班岗位工作，作为班长，他每天早出晚归，除了一天三顿在家吃饭的时间外，其余的时间基本都在工作。那时街道的路灯属于城市值班管理，早晨黑黑地出去合上路灯的闸，晚上也是深夜拉了闸才回家，有时还在单位值班夜巡。白天正常工作外，还要义务为有故障的用电户服务。我清楚地记得，有一位用户着急用电，正吃中午饭的父亲放下碗就走了。在工作上，父亲也常要求我们，要干一行、爱一行、钻一行。在父亲的耳濡目染下，1985 年山西省电力中专毕业的我，参加工作三十多年来，时刻牢记父亲的教诲，无论在用电、政工还是文秘岗位，始终高标准严格要求自己，勤奋工作，淡泊名利，默默无闻，无私奉献，得到领导和同事的认可，这一切都归于我的父亲——人生第一个导师。

父亲时常告诫我们，百善孝为先，要尊重老人。父亲退休后，每年清明节都会从交城坐客车到太原，然后再乘坐太原到邢台的客车，最后徒步好几公里回到村里老家给已经去世的爷爷、奶奶祭奠。后来条件好了，孩子们提出开车送他回去，他坚持不让。他说，我一个人回去能多住几天，顺便看看亲朋好友，你们还得请假，影响工作。就这样，父亲坚持了 25 年，直到他去世。

父亲的行动感染了我，用感恩心去完善一切，让家庭上下得到和睦。2000 年，婆婆因为车祸去世，弟兄三个为了不让公公寂寞，同意让二小叔

子一家和公公一起生活，能够相互照料。谁知道二妯娌闹病经常诉苦，想把公婆的房子留给他们。为了这件事公公十分苦恼，作为大媳妇为了让老人高兴、为了家庭和睦，我和爱人答应了他们的要求，并和老人签订百年后由我们负责他的后事。公公激动地说，谢谢你为了这个家所付出的一切。我的举动得到了公公和邻居们的一致称赞，这也是归于我的父亲言传身教的良好家风。

父亲平易近人，经常帮助别人做好事，有件事至今我历历在目。父亲去世第二天早晨，有一位素不相识的老人伏在父亲的棺材旁，低声细语，我见状急忙扶老人坐下。老人告诉我，他多年一个人生活，腿有关节炎，在父亲给他家换电线时认识。此后，父亲经常去他家帮助他做力所能及的事，并陪他说话。他得知父亲去世，过来就是和父亲最后说说话、道个别。这就是我的父亲，人们口中的大好人。在父亲的影响下，我也积善行善，加入了交城志愿者行列，经常到福利院帮助照看残疾儿童，每年“六一”儿童节给他们购买新衣服、新玩具，和他们一起庆祝节日；利用节假日到偏远的山区给不能自理的孤寡老人送去米面油，并帮助他们清理卫生；为一些患重病的人捐款等。所有这一切，无一不是父亲教育和影响的结果。

父亲心地善良，有大爱精神。母亲走后，由于身体的原因我们给父亲请了保姆照料。谁知道天有不测风云。2008 年深秋的一天早晨，接到父亲的电话，保姆一夜流鼻血止不住。我和爱人到家后看见保姆脸色煞白，床上、地上、脸盆里都是血，我跑到街上打了出租车把保姆送到县医院急诊室。马上输血，可保姆的血型是 RH 型，县医院、市医院都没有 RH 型血液。当医生根据保姆病情下了病危通知书时，父亲说只要有一点希望就不能放弃。在医院的帮助下联系上省二院，父亲和我筹了 4500 多元赶往省二院。虽然输上了液体，可是医院仍然下了病危通知书，恐慌中的我才想起给保姆在文水县农村的家人打电话。可能是我们的善心感动了老天爷，下午 4 点 10 分保

姆经过抢救脱离了危险。此时，我和爱人含着泪紧紧相拥。事后，保姆逢人就说，我遇到好人家了，他们给了我第二次生命。

节俭，是中华民族的传统美德。从我记事起，父亲从不浪费一粒粮食，从不乱花一分钱，勤俭节约，艰苦朴素。我印象中父亲总是穿旧衣服，把喜欢穿的白色衬衫领子洗得发毛，他也舍不得扔掉；吃饭上更是简单，常常是一碟咸菜就对付过去了。父亲对自己的生活虽然节俭，但是对我们姐弟几个的学业花费却毫不吝惜。我记得高一时，当我提出要买一套数理化自学丛书时，父亲第二天就给我买了回来，我知道，那套书花了他当月工资的 70%。我继承了父亲勤俭节约的好习惯，过着简单的生活，却在读书上舍得花钱。

父亲从小严格教育我们要礼仪待人，不管街头巷尾，只要见了熟悉的人，无论年幼长者都要打招呼问好。我是这样做的，也是这样教育我的两个孩子的。后来在我的耳边常会听到很多人的夸奖："你的儿子、女儿真有教养。"这一切都是良好的家风带来的结果。

父亲教给我们谦和、厚道。父亲是外地人，母亲常年有病，没少得到亲朋好友、左邻右舍的接济，因此，他总是以感恩的心待人处世，和领导、同事、街坊从没红过脸。没有文化、没有背景，更不会投机钻营，父亲却凭着他多年的工作实践，在工作岗位上独当一面。父亲在我面前，极少讲为人处世之道，而是以实际行动教会我怎样做人。参加工作后，我在单位和同事们相处得很融洽，结交了不少益友，和谐的人际关系，是做好工作的重要条件，也是保证良好、平和心态的前提。父亲留下的家风远不止这些，他是第一个让我懂得了"身教胜于言教"的人，也是唯一一个让我懂得了做好眼前事、善待身边人，平凡生活因此而精彩的人，这些都是我取之不尽、用之不竭的精神财富。

家风如春雨，随风潜入夜，润物细无声。如今，看到我的家庭如此和谐

幸福，我更想念逝去的父亲。做人要正直诚实，工作要勤奋进取，生活要勤俭持家，对人要尊老爱幼、以礼相待，更多的是他用行动践行着这些对子女的告诫。感谢父亲，我会以您为镜，将良好的家风继续传承下去。

注 此文获国网山西省电力公司“我的父亲母亲”征文二等奖

国网晋城供电公司

何文锋

母亲的干馍片

“早点说回来的话，就能给你蒸馍馍了。”上次回老家匆忙了些，临行前才给母亲打电话。回到家后，母亲高兴之余略有惋惜地说。

“你都这么大了，你妈还一直念着给你准备干粮呢！”妻子在一旁听到后暗暗嘲笑我。“是啊，在妈那里，咱们是永远也长不大的孩子。”我嘴上应和着，一些有关干馍片的记忆早已翻上心头。

孩童时期的我肚子怎么也填不饱，对此母亲总会备一些零食。那时，我口袋里的零食随着四季轮换也在不停变化着：夏天赶庙会，我口袋里装的是那时庆丰收而做的石头饼；秋天到了，口袋

里装的换成了红薯干；而在漫长的冬春之季，易于存放的干馍片就成了我最亲密的伙伴。无疑，又脆又香的干馍片成了我快乐童年里不可或缺的一部分。

清晰地记得上高中那会儿，住校伙食很差。每周回家，母亲都会给我备一个星期的干粮，烧饼、馒头容易变质，不易存放，还是干馍片最靠谱，于是，那三年里，干馍片成了我每日伙食的重要组成部分。

而后上了大学，伙食不再是问题，一个学期下来，我干瘦的身体竟然饱满了起来，母亲看到后欣喜不已，干馍片也就逐渐淡出了我的生活。

转眼多年过去了，没想到成家后，阔别多年的干馍片居然再次回到了我的生活之中。

那是缘于一次变故。2003 年，因在变电站工作出色，我被调入保护班。当时国家电网公司第一轮主网站综合自动化改造正如火如荼地进行着。没黑没昼的忙碌中，经常错过了饭点，尤其是每到送电阶段，不送完电不吃饭成了工作常态。慢慢地，我被胃炎缠上了，身体每况愈下，开始还咬牙坚持着，后来到北庄站改造时，体重在一个月之内骤降近三十斤，身体终于扛不住，倒下了。

母亲闻讯，大惊失色，但又不知所措。记事以来，母亲关心我胜过了一切，小时候稍有头痛脑热的，母亲总能第一时间察觉到，只是，还从没见过母亲这么慌乱过，母亲慌乱的眼神让我很是不安。

但最让母亲操心的是，我病后什么美味都不敢触碰了。后来，她不知道听了谁的建议，说干馍片对胃病有好处，隔三岔五就给我烤一些。而我则如获至宝，捧着母亲亲手烤制的干馍片，竟然真的有了胃口。于是，母亲的干馍片成为我病倒之后唯一能接近的美味，而蒸馍馍、烤干馍片也成了母亲乐此不疲的一件大事儿。

记忆中，母亲总是不停地忙碌着。本想我们兄弟姐妹几个都成家立业

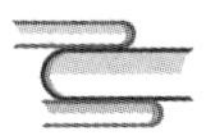

了，母亲这下该享清福了，但实际情况却并非如此。我们孝敬她的电动洗脚盆、豆浆机她都舍不得用；她本有几个能谈得来的姐妹，因相隔很远已很少来往，她又不爱串门，所以十天半月也难得出一次家门；她没有什么其他的爱好，在家没事时只是一个人发呆；由于腿脚不灵便，她也不能像父亲那样还能亲近土地，耕耘收获，听父亲说，她一个人在家的时候连做饭都省了，常常随便凑合了事。

看着母亲闲下来后空空落落的样子，我心里明白：以前母亲虽然忙碌着，却很充实。照顾我们吃穿、为了我们上学，看我们一天天长大，看我们学业有成，看我们结婚生子，那种成就感不言而喻。可以说，几个子女就是母亲全部的事业。但是，我们自立门户后，母亲便“下岗”了。

看到母亲因给我烤制干馍片而再次忙碌起来的样子，我心里一动，虽有些过意不去，但也不再说什么了，一面安心享用着母亲的干馍片，一面精心地照顾着自己。

转眼又是七八年，我的身体渐渐康复了，但是母亲还依然保留着给我备干馍片的习惯。对此，我没有推辞，也不准备推辞，只是暗自增加了回老家的次数，好让母亲多看看孙子狼吞虎咽的样子。一有机会，我便当着她的面向别人夸赞她烤制的干馍片：香脆可口、健脾养胃、不含添加剂、易于保存……

注　此文获国网山西省电力公司“我的父亲母亲”征文二等奖

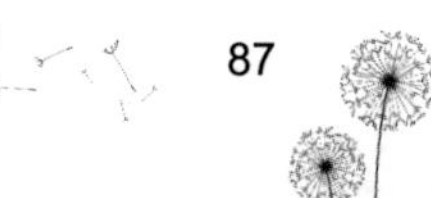

国网山西承装公司

张璐凡

父 亲 二 三 事

我眼里的父亲，一个爱我、顾家、孝顺的男人，还有着处女座典型的特质：做事细致、爱干净。我的父亲，因他不善于表达，才使得偶尔的情感流露，那么牵动我心。

妈妈说："上大学带着你爸去吧！"

都说，女儿是父亲上辈子的情人，父亲对女儿的爱几乎是宠溺的。从小，因为有妹妹的原因，父亲带我更多一点，以至于，我小时候总会有

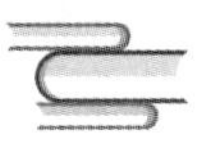

错觉，父亲是偏爱我多一点的。上大学之前，每当夏天来临，父亲总是想尽一切办法让蚊子远离我的卧室，如不敢开大灯、连进门都是快进快出……即使这样，也总会有漏网之鱼。睡梦中，蚊子在耳边一次次示威，迷迷糊糊地我开始喊爸爸，一声，两声……父亲总会在我第三声“爸爸”之前惊醒，急匆匆地跑过来看我，然后满世界找那只可恶的蚊子，墙上、窗帘后、柜子下……不灭掉它誓不罢休，而我，早就在父亲冲过来的那一刹那，哼哼一句“有蚊子”，就安心地睡着了。高三那年，我严重缺钙，小腿总是会在半夜抽筋，钻心的疼痛感让我急促又凄惨地喊着爸爸，只听到父亲快速穿鞋冲过来的脚步声，父亲抱着我痉挛僵硬得像石头一样的腿，揉揉捏捏，快速地按着，不一会儿，僵硬得肌肉就慢慢舒展开来，直到我的小腿彻底松软了，父亲才放心地回了卧室。次日清晨，我总会拐着一条腿走出卧室，那是严重痉挛的后遗症。记得有一次父亲不在家，我又一次半夜痉挛的腿在母亲手里怎么揉都不管用，疼得我嗷嗷直叫，好半天，肌肉才渐渐放松。母亲说：“真是奇怪了，怎么我就治不了你呢！非得你爸才行？”那段时间，我一边补钙一边忍受着一次又一次的疼痛。一天，母亲开玩笑说：“可怎么办呢，你毛病这么多，要不你上大学带着你爸去吧！”现在，我长大了，独自上班在外，能和父母一起生活的时间成了短暂的片段，我不再是那个半夜喊爸爸的小女孩，却好想念那些小时候的日子。

父亲说：“我这辈子，就算交代了。”

那是我大四那年，毕业在即，工作还没着落，不知道以后路在何方。年轻气盛的我，还有着一颗想要闯天下的不死之心。寒假马上就要过完了，我照例临走前去往奶奶家探望，这是父亲无形中定的规矩，他总是希望我和妹妹多陪陪老人。路上，父亲开着车，一家人在车里有说有笑，工作问题又摆上话题，也许是初生牛犊不怕虎，我的观点透露着我不安分的心；而父亲和母亲意见一致，希望我有一个安稳的工作。我用自己从网上看来的一堆大道理据理力争，说他们的思想是上一代的保守派。父亲看我执拗得很，也说不过我演讲一般滔滔不绝的道理，他突然叹了一口气，沉重地说道："你爸我，也没什么本事，没能给你们大富大贵。我也不会希望今后你和你妹妹两个人工作有多大的成就、赚花不完的钱，我只求你和妹妹两个人能有一份安安稳稳的工作，不好不坏，保证一生不会挨饿，你爸我，这辈子就算是交代了！"那一刻，车里突然安静了，我感受到我的心在抽动、眼泪在眼眶里打转，我努力地看着窗外，不想让眼泪丢了我所谓的面子。但是那天、那一刻，我突然懂了父母在记挂子女后半生的时候，要求竟然这么简单而卑微，也突然明白，能有一份安稳的工作、安稳的生活，不仅仅是自己的一种生活状态，更是让父母安心的一份责任。

父亲哭着说："我不知道他要走了。"

我毕业的那年夏天，收到单位录取通知的时候，父亲还在老家日夜侍奉卧床多年的爷爷。老话说："久病床前无孝子"，我却是不信的。爷爷从需要人照顾到彻底卧床的几年里，父亲无数次地陪夜、照顾，妈妈总说，家像个客栈，父亲只是偶尔回来一下。从给老人做饭、喂饭、洗衣、打扫卫生，不管多脏多累，他从来要坚持自己做完。父亲说："爹娘养大，养老送终那是本分。"父亲总害怕请来的保姆照顾不周，虐待了老人。爷爷糊涂了，有时会不认识人，爸爸就看着爷爷糊涂的样子笑，那表情像笑自己的孩子不懂事一样温柔。那是一个天气很好的上午，爷爷"走了"。父亲从单位冲回家，叫我们去见最后一面。我吓坏了，我看到父亲努力按捺着紧张的情绪，我知道，这次是真的不好了。一路上我心里不停地求老天爷，等等，再等等……

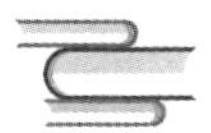

然而，冲进门的一瞬间，还是看到了那张将阴阳两隔得白布。我崩溃地号啕大哭起来，却看到父亲淡定地和大伯他们料理后事，他没哭。我以为，是因为爷爷的离开是父亲意料中的，所以他没有那么难过，这么几年了，也算是他们爷俩都解脱了。送走爷爷那天，身心俱疲地回到家，母亲和父亲抱怨道："你老妈也是老糊涂了，跟人家说你看到老爹快不行了就躲去上班了。"我惊愕，转头去看父亲。"她真是糊涂了，那天早上老爹说要吃东西，我喂他吃了饼和牛奶，我以为他终于见好了才赶去上班，都请假好几天了，要是知道他那天要走……"父亲哽咽得说不下去了，他哭着说："我怎么可能不陪着他，我陪着他那么多天了，最后一刻我不在。"这是我生平第一次见父亲哭，他年过半百失去了他的父亲，哭得像个孩子一样。爷爷走后，奶奶身体就大不如前了，父亲又开始了日复一日地照顾奶奶。在父亲身上，我突然想到一句话："你养我长大，我陪你变老。"父亲，用他的一言一行，将孝道深深地印到我的骨髓里。

写这篇文章的时候，我想起那首亲情之歌《天之大》："月亮之下，有了你，我才有家……思念何必泪眼，爱长长，长过天年……天之大，唯有你的爱是完美无瑕，天之涯，记得你用心传话……"

注　此文获国网山西省电力公司"我的父亲母亲"征文二等奖

国网临汾供电公司

马爱丽

微组诗《父亲》

一座山的静默

拥万千辛苦入怀　铮骨

撑起家人的天

父 亲 的 头 顶

贫瘠土地

甩开青葱岁月的烦恼

笑纳时光留下的清爽

父　亲　的　手

布满老茧的铁耙

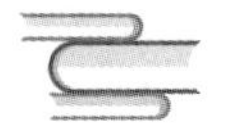

刨出五谷丰登
捧起的日月　川流不息

父亲的抬头纹

眼睑　扬起垂下
三条蜿蜒小道　固执地
隐藏　年轮烙下的秘密

父亲的小心眼

香甜水果　诱人美味
您都嫌难吃　骗得了儿女
却瞒不过母亲的泪

父亲的巴掌

五朵粉色的小花
印在长大后　那是
篆刻心尖的一抹阳光

父亲的老花镜

放下　拿起的模糊
瞬时穿越了旧时光
母亲　书桌　工具那
么清晰

父　亲　的　信

牵在字里 挂在行间

纠结 担忧 叮嘱

远方 多了一位絮叨的老头

注 此文获国网山西省电力公司“我的父亲母亲”征文二等奖

国网晋城供电公司

李运宏

献给母亲的康乃馨

“要好好过日子……”农历丙申年六月初四清晨，睡梦中冥冥梦见了母亲。蓦然惊醒，感到了一种不祥的预感，果然，弟弟打电话告知我，母亲于清晨卯时去世。母子连心。原来，这是母亲在生命的最后一息，用意念向我传递的讯息，于是，赶忙打车赶赴老屋。当我赶到老屋时、当我看到静静躺着的母亲，情不自禁地长跪号啕大哭、泪如泉涌。悲伤的泪水伴随着刻骨铭心的往事涌上心头——

（一）

母亲身体一向康健，之前身体很少

有恙。

每天清晨一大早，年过古稀的父母经常结伴散步，从老城区的南大街老屋一直走到新区的百丽园然后返回。来回近十里的路程，对于年近七旬的父母来说，显得却很轻松。在散步的同时，一路上还饱览了沿途春华秋实的花园城市美景（晋城曾于 2012 年荣获“国际花园城市”）。每逢和母亲聊天时，说起散步途中的所见所闻，母亲就像打开了“话匣子”，眉欢眼笑地唠嗑半晌。邻居亲友无不为父母康健的体魄和良好的精神状况而“啧啧”称羡。

可是，今年春节后，母亲自感吃饭不像以往那样顺畅，父亲安慰她，这可能是人逐步衰老的正常迹象，不必放在心上；再说，就在几个月前，社区还组织年满六十周岁的老年人进行了常规体检，报告单上显示，母亲体检各项指标都正常。因此，我们都没有将母亲往身体有恙那方面去想。

到了阳春三月，母亲自感吞咽困难，父亲和姐姐陪她到市医院进行就诊，经过初步检查、复查、钡餐等一系列诊查，确诊为食道癌！而且已经是中晚期！！大姐和三姐还为此专程到北京 301 等著名医院问诊，答复是一样的，由于病灶在食道上部，距离支气管、肺部甚近，手术风险大，医生不主张手术！

刚开始，父亲和姐姐还一直瞒着我，尽可能不让我知道，只是告诉我，母亲血压有点偏高，需要到医院输液治疗，我竟然信以为真。何况，双休日到老屋看望父母，母亲见到我依然同以往一样谈笑自若。然而，当我看到医院母亲的病床床头的卡片上写着“食道上段肿瘤”字样时，才意识到母亲病情的严重。之后，母亲的病情急转而下，每天在医院大瓶小罐输液之外，吃的流食只能通过插入胃部的鼻饲管用注射器注入，后来竟然发展到滴水不进的程度，干瘪的嘴唇仅能用棉花棒抹湿缓解。亲友闻讯，陆续前来探望母亲，临走前喟然叹息且神情凝重地嘱咐我们要善待母亲。看着之前康健乐观的母亲，而今竟然病体羸弱、判若两人，我心中十分酸楚。情难自禁的三

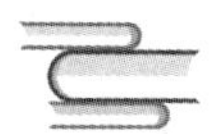

姐时常不掩饰地哭泣，更是让人心如刀绞。“你妈最牵挂的就是你们一家人了，只要你们都好好的，你妈就放心了……”苍老憔悴了许多的父亲在对我说这些话时，流露出了明显的悲观情绪。天哪！难道辛劳了一辈子的母亲即将面对的是这样的宿命？！我脑海里时常回忆起母亲多舛的经历——

（二）

母亲与中华人民共和国同龄，1949年出生在一个贫苦的家庭。在那缺衣少食的年代里，养家糊口、填饱肚子成为人们奔波的头等大事。幼年的母亲曾经在姥姥的带领下，做手工、拾焦炭、挣工分……用那积攒的一分一厘来贴补家用。十六岁时，作为长女的母亲接了姥爷的班，当了一名普普通通的纺织女工，由于在工作中兢兢业业、吃苦耐劳，多次被厂部评为先进工作者，胸前佩戴大红花，树为厂里的劳动模范。就在她十九岁那年，姥爷病故，作为长女的她又与姥姥一同担当起抚养四个尚未成年的舅舅和姨姨们的责任，饱尝了世间的磨难和艰辛。20世纪80年代母亲的兄长、我的大舅病故，白发人送黑发人，这对花甲之年的姥姥该是多么大的打击啊！痛失兄长的骨肉之殇，这对母亲、舅姨等人来说，也不亚于晴天霹雳！大舅膝下还有五个尚未成年的子女，也都沉浸在失去父亲的巨大悲痛中！“真是老姑为母啊！”几十年中，作为长女，贤孝的母亲不仅为姥姥分担了生活的重担，而且对待她的侄儿、侄女关爱有加，令人钦佩！

20世纪90年代初，在市场经济大潮的冲击下，母亲所在的纺织厂由于经营惨淡，最终导致破产，在纺织岗位上干了三十多个春秋的母亲又被抛进了失业下岗工人的行列。面对这突如其来的变故，母亲没有气馁、悲观，而是默默地接受了这个无情的现实。经过一段时间的思索、考虑和准备，她又动员同是下岗待业职工的大表姐和三表姐开起了一间杂货铺，创造了她们自己的一份营生。“咱不能单等公家的救济，也得自找门路才行。”母亲对表姐说。母亲用行动展现了下岗失业工人自尊、自立、自强、自爱的本色！

每逢提起母亲恪尽孝道侍奉奶奶的事，街坊四邻都竖起大拇指夸赞。作为独生子的父亲常年在外地上班，由于工作方面的原因，平时很少回家，母亲和我们便同爷爷、奶奶居住在一起。三十多年来，家中无论是柴米油盐，还是洗缝浆补，母亲都料理得井井有条。母亲对父亲嘱咐最多的话就是：“在厂里要多操心安全，家里有我呢！”免除了父亲的后顾之忧。尤其是在20 世纪 90 年代末，奶奶中风瘫痪卧床的十多年时间里，母亲主动承担起侍奉老人的全部义务。每天守在奶奶身边，无微不至地伺候。奶奶不能咀嚼，她就调配流食给奶奶喂服，为了补充维持奶奶的营养，她还经常喂服奶奶豆浆、奶粉、香蕉泥等营养品。十年如一日地给奶奶擦洗翻身，事无巨细，该为奶奶做的，母亲都做得一丝不苟，毫无怨言。“真是久病床前有孝媳呀！”邻居亲友都无不感慨。

母亲关爱晚辈，对我们关怀备至的同时，还经常以言行教导我们自立自强，养成良好的品德素质与生活习惯。她对待媳妇如同自己的亲生女儿，婆媳关系相处十分融洽。

“不敢‘嫌歪’（晋城方言，不好的意思），咱们现在可是赶上了好时候……”“困难都是暂时的，要以积极心态面对和克服……”母亲是一个乐观的人，经历了前半辈子的艰难，告别了缺衣少食的年代，因此更容易知足。母亲言谈十分随和，和她聊天毫无拘束，我们谈生活、拉家常，能说大半天而意犹未尽。生活的烦恼、工作的不顺，在和母亲有说有笑的言谈中渐渐释然，从中也感悟了一些为人处世、居家生活的有益启迪，母亲的谆谆教诲，让我们树立了战胜困难和挫折的信心。

母亲乐善好施，且不说对亲友邻里是如何尽其所能、倾其所力，单是对为我家淘大粪、送煤球（我们家老屋至今仍然用旱厕、煤球火）的街头勤

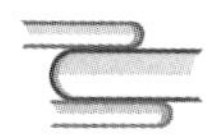

杂，母亲都要热情地对待，给他们端茶递水，临了还将他们送至门外。父亲曾诙谐地对母亲说："不知情的人，还以为你是在招待亲戚呢！"我家老屋街道对面有一个河北籍补鞋匠，其下肢残障，而且其妻弱智。母亲哀其不幸，在对他们予以施舍的同时，还特地嘱咐我们关照他的生意。"这些人真不容易呀！"母亲经常念叨着……

（三）

化疗、放疗的过程是痛苦的，母亲自感恶心、呕吐、干咳，头发也开始脱落，索性剃了头发。"奶奶变成中学来的'光头奶'了……"面对孩子和侄女从当前热播的动画片《熊出没》主人公"光头强"中学来的童言无忌的调侃，母亲痛苦的神情中挤出了一丝笑容。在放疗期间，母亲的病情更加恶化，不仅浑身乏力，而且滴水未进。这不禁让我们的心情更加焦虑忐忑。自从得悉母亲罹患重病后，我经常结合网络、报刊等媒介方面的信息多方了解母亲的病情。

由于母亲饮食困难，每天只能通过鼻饲管注入流食，经咨询医师，我为母亲买了灵芝粉、蛋白粉等营养品，还一如既往对同母亲患病之前一样，每逢妻子做蒸饺、韭菜盒等美食都要送些。虽然现在母亲不能像以往那样畅快食用，但当她看到父亲吃得津津有味时，脸上就会露出欣慰的神情。

非常感谢亲友在母亲患重病期间对我们的帮助。几十年来，姑姑和父亲手足情深，在母亲医治期间，姑姑经常为母亲熬制汤食，姑父还经常探望问询；姐姐到北京等地寻医问药，还往返医院和家之间照护母亲；亲戚闻知母亲患重病的消息纷纷前来探望……"好人有好报，你母亲一定会好起来的……"就连街道对面的河北籍补鞋匠闻听母亲病情，感慨之余也来安慰我。

经过一段时间的化疗、放疗，母亲能够自主饮水了，我们都感到十分开心，还以为比以前病情有了减轻，孰料母亲竟离别人世。我心头阵阵悲痛，不禁潸然泪下，所有的悲伤和眼泪，都难以表达我对母亲的追思之情！

“生活总要继续，我们一定会好好过日子……”在医院里，面对母亲的牵挂，强忍眼泪和情绪的我，紧紧握着母亲的手安慰她并做出了承诺。我的心中虔诚地为母亲献上一束象征着母爱、亲情和温馨的康乃馨，将心中所有的哀思告诉母亲，愿亲爱的母亲走好！

注 此文获国网山西省电力公司“我的父亲母亲”征文二等奖

国网晋城供电公司

宁　静

女儿眼中的平凡父亲

我的父亲实在是一个中国传统形象最鲜明的父亲。

他主外，我母亲主内。他赚钱养家，母亲料理家事。他生了一双儿女，有着传统的大男子主义思想，更看重儿子一些，却也爱我。

上大学时他禁止我谈恋爱，毕业工作后他阴着脸逼迫我相亲。他认为上学进国家单位端个铁饭碗才是正路，把跟人打官司起纠纷视作伤脸丢面子的事。他在外待人接物和蔼、热情、讲义气，在家与家人说话则总没什么好声色。

该从何说起呢？我记忆里其实

是有着鲜明的片段的。我无法为他著书立传，不在于他的平凡普通，而在于随着年龄的增长，我才认识到父亲的形象在我这里太片面，以至于每当我成长了一个阶段，就对他的看法更新一些。我爱他，这毋庸置疑，但真正要为他写点什么，我才发现难以下笔。

我七岁上一年级，比同龄人早（当年小学采用五年制），虽然回回考第一，却有点多动症，上课爱跟同桌讲小话，偷偷吃零食，被老师逮个正着并告诉了父亲。父亲骂了我几句，罚我大冬天站在家门口。

大概在我十一二岁的时候，迷恋各种古装剧，经常会跟只爱看国际新闻与军事频道的父亲抢电视遥控器，直到有一次为了遥控器的使用权，他扇了我一巴掌。我直接懵圈了，躲到卫生间关起门来哭。母亲过来劝，父亲也讪讪地，把遥控器给了我。而我性子犟，终究“不受嗟来之食”，只记得那天晚上没看成想看的剧。

上初中时，由于学校离家远，我就住在父亲单位宿舍，每周回趟家。周五放学最开心，坐上父亲的摩托车回家看动画片；周日下午最难过，吃完饭就要被送回宿舍去，免得耽误了晚自习。某个周六补课，恰逢下雨，我打电话到家让父亲来接我，父亲说：“下雨了，路上不好骑车，你自己想办法回家吧。”后来我也不记得是怎么回的家，只是有时想起，那觉得实在是一段磨炼了我独立自主能力的至关重要的时光。

我到北京上大学，卧铺十分难买，大多是父亲托关系才能拿到一张珍贵的卧铺车票。前两年我拔了一颗智齿，父亲找和他相熟的资深牙医帮我干脆利落地解决了。去年父亲在阜外医院放心脏支架，居然通过县医院的医生联系到了一位主任医师，这让我有时会觉得自己很没用，帮不上忙。我们自以为长大，可很多事还是要仰仗父亲的庇护。

那年南下广州，父亲送我到新郑机场，半途绕了岔路，时间快来不及了。一下车，父亲拎着我的行李，大踏步地往换票窗口与安检口赶，赔着笑

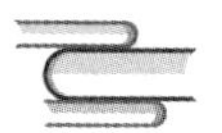

脸与排在前面的人请求插队。我跟在后面看着他焦灼的背影，忽然就懂得了朱自清的《背影》写得有多真实。那就是父亲的背影。

父亲是个急性子，不管是开车还是办事都显出一副雷厉风行的架势，到现在也没变。他年轻时吃苦耐劳，虽然在北京当了十几年兵，但军人做派早已渗进骨血里。1990 年他复员转业，带着母亲和我回到山村老家。小小的我慢慢适应了乡下的厕所、窑洞、秋瓜茄子烩菜，而父亲在县城上班，每天骑着大“二八”自行车穿过十几里山路，经常摸黑回家。我就经常站在院门口巴望，焦急地盼着父亲从巷口出现，生怕他路上有什么闪失。长大后和母亲说起，才知道母亲也是担忧的，只不过不愿意在我们面前显露罢了。

后来家境好一些，父亲花七千块钱买了一辆雅马哈摩托车，这在当时绝对算奢侈品。这辆摩托伴随我走过初中、高中，每逢寒暑假父亲载我回奶奶家，是最快乐的时刻。“高天上流云，落地化甘霖……”盘山路上洒落一地轻快的歌声。

父亲在供电局干基建工作近三十年，无师自通地画得一手好图纸。奶奶的新院落、二姑的三层小楼，都由父亲一手设计建造。他在家排行老三，上有兄长下有弟妹，困难时期相互扶持着，情谊一向深厚。后来从别人口中我才知道，这实际上非常不易。农村家庭为一点利益纠纷闹得鸡犬不宁，甚至至亲不相往来者数不胜数，而我们这个大家族繁衍至今，依然保持着凝聚力，也算是家风淳厚。

业余时间父亲并没什么别的爱好。以前周末打麻将，现在就开电脑斗斗地主。他最喜欢和三五个老战友待在一起，聊聊天，爬爬山，散散步，打打乒乓球。我记得父亲的书法挺不错（至少比我好）、羽毛球也打得好，而终究是没有长性。

父亲年纪越长，对我们越宽和。儿女成家立业这样的大事让他心情烦闷，毕竟也都过得去、慢慢想得开。他身受皮肤过敏症困扰多年，心脏也不

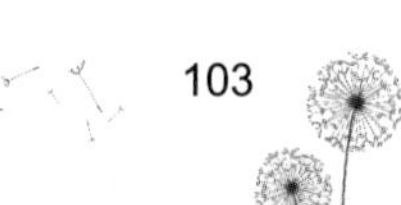

大好，而在与家人的相处中渐渐懂得了控制情绪，笑容渐多而发怒渐少。现在他快要退休了，工作相对清闲，也有空在家炒炒菜，和母亲一起逛超市、摘桑葚、上山采金银花。今年他的新爱好是带上母亲联系几家相熟的战友出去自驾游，刚去了运城，七月份还准备去青海。

家里存有一些旧照片，我很喜欢看父亲年轻时穿军装的样子，英俊挺拔。回想关于父亲的大小事情，竟然又是些流水账。而三岁看老，父亲和爷爷性格相似，向来活得知足，耿直而简单。人年轻时的性格与习惯，是真的会贯穿他的一生，连我的一部分性格与习惯，自己都能感觉到与他的相似。

在青春期最叛逆的时候，我也不曾想到离家出走。无论是求学还是工作在外，一有假期都会飞奔回家。在我成家之后，我更意识到自己就是个彻彻底底的家庭主义者。他们是我的家人，我就会发自内心为他们考虑，尽管没什么轰轰烈烈，更不会有甜言蜜语。父亲对家人的态度，也是这样的。

回到家，陪伴我们时间最久的是母亲，而父亲，在我的印象里和上面的描述中，最多也是接送孩子的场景。他把我们送出家门，又欢喜着我们的归来，这一路长大了我们、衰老了他。儿女只是他生命中的一部分，我也是慢慢地才理解到：他的父母，他的妻子，他的儿女，他的兄弟，他的战友，他的事业，他的故乡，他爱读的书和爱看的时事，他在部队度过的青春岁月，他想去的地方，他真正中意度过的日子，共同构成了他完整的人生。

作为女儿，唯有时时祝愿父亲和母亲健康长寿。愿父亲的退休生活，成为他另一个崭新的开始。

注 此文获国网山西省电力公司“我的父亲母亲”征文二等奖

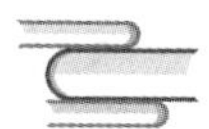

国网临汾供电公司

乔琳会

我的父亲是男神

父亲一米八三的个头，体型健硕，面庞俊毅，脾气倔强，做事风风火火，喜欢打抱不平，他是激情燃烧的，亦是宽厚淡然的。父亲是我心中的男神，在他的身上包含了我对于男神的所有认知：高大、乐观、幽默，当然最重要的一点是能够担当。

小时候，喜欢翻看家里的黑白照片，照片上的父亲洋溢着那个时代的浓厚气息：他第一次骑上摩托车，眉宇之间满是骄傲与自豪；他在篮球场上飞奔，跃身而起投篮入筐；他身着绿色军装与战友们合影，站在最后的他比前面的人高出了多半头，让人看了忍不住想笑……

这些照片映着岁月的节拍，也映出隐藏在他年轻面庞里那些关于男神的蛛丝马迹。

父亲被战友们称为大力王，他探亲回家，战友们托他捎东西，他不会拒绝任何一个人。一个人背着十二个包硬是从安徽倒车数次回到山西，然后又一件一件送到战友家中。他性格豪爽，喜欢大口喝酒。一次去塬上浇地，因为喝了酒便倒地而睡，旁边是一座坟场，半夜时被风吹醒，两头野狼在一旁摩拳擦掌，他毫无惧色，扔起石块大声喝退。父亲很是好学，他只读到小学三年级，通过自学当了电工，会编好看的疙瘩扣，会打针，会烧制工序复杂的蹄花肉……问他跟谁学的，他说：“在外面，吃饭就钻进人家的厨房，看到别人做就认真地看，好多东西，也许一辈子只能看一眼，错过了就没有机会了。”

父亲当了一辈子的线路工。为了工作方便，他拿出省吃俭用的八百元买了一辆 125 摩托车，从此便开始自己的“骑士生涯”。他骑着摩托车“突突突”地从田野经过，把每一件发亮的铁件当成宝贝，踩着一尺多厚的大雪去巡线，趁着夜色穿过漫长的寂静……这自远而近的“突突声”成为我孩时起最为熟悉与美妙的声音。父亲回来便有许多的新奇回来，家里顷刻变得生动起来，他魔术般地从包里掏出一把野酸枣、几只山鸟蛋，然而更多的时候，是一块铜片、一把铝线做成的小手枪、一只掉漆的螺丝刀或擦得亮晶晶的扳手，我们对这样的游戏乐此不疲。

父亲喜欢收藏与线路有关的东西，就像他喜欢说起与线路相关的话题一般。他留着一个洗得发白的工具包，里面的工具布满各样的痕迹。他自制一只木头零件箱，一共五层，收藏着各种型号的螺丝螺母、垫片、保险丝和一些设备的配件，那些在别人看来无甚大用的东西，在他这里就是宝贝了。事实上，这只箱子在父亲的线路生涯中的确发挥过非常重要的作用，有时候现场缺少一枚合适的螺母，他就骑着摩托过来，每次都会满意而归。

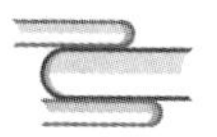

父亲最能吃苦。跟他挖过坑、立过杆、巡过线的人给他总结了“四大”特征：个子大、饭量大，力气大、脾气大。每次施工前，他都会准备好整整一袋子烧饼，别人嚼得没滋没味，他却吃得津津有味，一次就能吃上七八个，他也因此有了平生第一个绰号：烧饼班长。那时候没有吊车、挖土机，干活都是“纯手工”。当“挖坑”遇到石块时，很多人连连叫苦，父亲二话不说，抡开膀子一点点刨、一块块抠，别人看了便不再抱怨，跟着干起来。遇到陡坡险弯时，他咬着牙指挥大家调节步速和方向，大家说他“一个顶仨”。父亲是个暴脾气，遇到有人不戴安全帽、做工不规范或是偷懒，他便会毫不留情地批评，要求对方马上改正或是重新翻工。近日，我去一个村子采访，还听到一位老大爷提起他：“以前那个大个子，人很好，干活利落，脾气也很冲啊！”说着便自顾自地笑起来，我为这样的声音而感到欣慰，父亲已将自己的足迹深深地印在这片土地上了，这是他的事业，更是他经久不变的情怀。

“男神”是极其认真的。种麦子时，他固执地将土地翻整了又翻，将土块子全部打碎，茅粪一担一担地挑，麦子一筛一筛地过……母亲说：“不需要那么认真，收成反正差不了多少。”父亲却坚持自己的做法，他说：“你做或者不做、做多或做少，总有一天会显露的。”他带我们去拔草、割麦，顶着太阳，当我们拔到无趣，也割到无味时，他就给我们定时间、下任务，我们惧怕父亲的严厉，低头开始赶工。现在想来，我要感谢那段经历让我感受到一种来自土地的真实，我要感谢父亲在我们幼小的心灵上及早播种下了勤劳与担当的种子。

父亲终究是不能闲的，退休后他在家的附近寻来一块地，买来工具，开始了一种“面朝黄土背朝天”的生活。他的土地永远都是那样平整，时而立起竹枝，时而拴满布绳，时而浇水锄草。他的日子是细致的，细到每一粒种子、每一棵菜苗、每一次采摘、每一季收获。有一次，种了一年的山药被人偷了大半，我们都替他难过，狠狠骂起来，唯有他默默地说："吃就吃点吧！咱们也吃不了那么多！"说着便一个人呵呵地笑了。

父亲像大多数男人一样细腻而不善表达。小学二年级时，他出差回来带给我两根粉色的扎头绳，各式样的饰物装点其上，这是父亲第一次送我礼物，我一直珍藏未曾使用。有时候与母亲唠嗑晚了，到要回家时，他便借着散步为由送我到家门口。地里种下菜，他会送到我楼下，三言两语告诉我怎样烹制最为合适。遇到做了不对的事情，他总是那样不依不饶，情绪激动地道出一二三来……而我，喜欢看他高大的背影、矫健步伐，喜欢听他讲起战友们的趣事，喜欢看他在土地上与每株小草较劲，喜欢听他那些带着火药味的训话，喜欢他的沉默，也喜欢他大笑的样子。

我想，我其实更喜欢这一种与生俱来并且愈发浓厚的依赖感，父亲是我心中的男神，我依恋他、敬仰他，更深深地爱着他……

注 此文获国网山西省电力公司"我的父亲母亲"征文二等奖

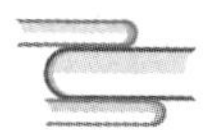

国网山西技培中心

王青平

人到中年说幸福

时间飞快，一不留神就匆匆走到了中年。我应该是幸福的，现在回想起来，童年那个时候虽然穷，但那是最快乐的时候，那时父母年龄比我们现在还小，工作也很忙，不谙世事的我有父母的疼爱、哥哥的照顾和姐姐的呵护。

记忆最深的是1976年唐山大地震，我曾经生活过的城市距离唐山不远，震感也相当强烈，半夜三更的突然整个楼开始晃悠，哥哥大声叫喊，惊醒了除了我之外的家中所有人，也许头天晚上玩得太疯了，妈妈不管怎么叫我我就是不醒，她连拉、带打、带拽终于把我拉起来

了，我不管不顾开始往楼下冲。大院的空旷地带聚满了人，天很黑，我找不到其他家人，天又开始下雨，又冷又紧张又害怕，想哭又不敢哭，我佩服妈妈能在那么多那么多的人里找见我们，当妈妈揽我入怀、爸爸脱下他的衬衫给我披上时，我真的好幸福。

记得小学时学校和家庭联合搞“忆苦思甜”教育，我可以乖巧地把学校做的橡子面馒头艰难地吃掉，但在家里父亲炒的豆腐渣却怎么赖着也不愿吃下一口，没料到父亲却将此报告给了学校，让我在学校好没有面子，回家后任性不吃饭，惹恼了父亲，他将部队的惩罚延伸到了家里，出乎我意料，他竟然关我“禁闭”，我在“禁闭室”里大吼大叫他军阀作风，高唱“国际歌”“打倒军阀”，直到在被禁闭的小屋里睡着，醒来的时候我发现已在自己的小床上。第二天全家人都吃橡子面馒头，老爸、老妈带头吃，一边吃一边说确实难吃，而只有我面前是一碗挂面，我当时惭愧极了，红着脸和弟弟换了，弟弟唱起了“国际歌”，爸爸妈妈笑了，全家人都笑了，我也笑了。

几十年过去了，现在想起来，笑里都会带着泪花。父亲那种军人性格一直影响并鼓励着我，信守承诺、说到做到、言行一致、表里如一这些优秀的品质在我未来的生活里一直是我努力追寻的。

上高中的时候学习特紧张，每天坐班车上学，早晨 5 点 20 准时发车，车程将近 1 个小时，晚上有时候 11 点才能到家，两头见不到家人。但是，不管我走得多早、回得多晚，餐桌上都有热腾腾的饭菜等着我，而我竟然不知道妈妈是什么时候做好的。休息时，爸爸总让我给他讲讲学校里的事，看到我地理、历史书上密密麻麻的注释爸爸似乎很满意，他开始不时地为我找些好看的邮票，给我讲解每一张邮票的内涵，丰富着我邮票数量的同时也丰富了我的地理和历史常识，我的地理和历史考试成绩竟然也提升了不少。父亲的潜移默化影响了我的兴趣和爱好，让我终生受益匪浅。

最近单位有个幸福调查，中年人对幸福的回答很简单：孩子好好学习，

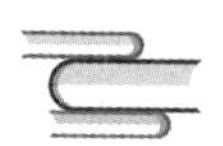

能考上一个好大学；父母亲身体健康。中年人的幸福是一种希望和期盼，也可以这样说，中年人的幸福是担当、责任、关爱，家人幸福自己就幸福。现在的我越来越理解当年父母的不易。人们有时候很矛盾，内心总是拒绝、总是不希望长大，好像这样父母就能够永远年轻、能够永远不会生病似的。记得前年妈妈的心脏病再次复发，在重症监护室一住就是 7 天，一天 24 小时不间断输液，我撂下工作，陪床两周，有一次我看着液体竟然趴在妈妈的病床上睡着了，也不知睡了多久，感觉头发有点疼，原来妈妈醒了看见了我头上冒出的白发，她用不灵便的手想拔掉那根白发，她最终成功了，不过同时我多牺牲了两根黑发。妈妈叹了口气："你怎么也有白头发了？"在妈妈的眼里我还应该是个备受呵护的孩子，孩子是不应该有白发的呀！以前总是不停地打电话给爸爸妈妈问这问那，现在妈妈爸爸的电话总是有各种理由：你什么时候回来？我们做了你喜欢吃的红烧鱼。其实妈妈的手艺我也学会了。你什么时候回来？爸爸买了你喜欢吃的樱桃，放在冰箱里了。其实临汾的樱桃比太原家里的要新鲜许多。你什么时候回来？春天时你花粉过敏，在家里住一段调理一下吧……我的脚莫名其妙疼了一年多，也不知老爸老妈从哪里找了那么多的偏方而且每次都有成品让我带回。每次回家，总想把所有的家务活干完，多陪老爸老妈说说话，我给妈妈剪指甲时，会想到我小时她给我剪的样子；妈妈照着镜子看着我剪的并不齐整的头发，总是夸奖我剪的比理发馆还好。每次陪爸爸、妈妈吃饭，老爸都要和我小酌两杯，说什么不喝点小酒对不起我做的饭菜，妈妈非但不阻拦，还有鼓励的样子，看着他们的满足和惬意，我总是心怀愧疚。每次离开家，站在街拐角才敢向自家阳台望去，那里一定有妈妈在送我的目光，我知道那又是一次期盼的开始；而爸爸总是坚持给我拎包送我到车站，车开了我依然能看到站台上他孤独的身影，在我心里那个身影依然如 40 年前一样挺拔、伟岸。陪伴是最长情的告白，父母以为孩子不会长大，父母错了；孩子以为父母不会变老，孩子错了，而我现在心甘情愿地延续着前辈走过的道路。

我在朋友圈里问大家对幸福的理解，有人这样说：幸福就是吃得下饭、睡得着觉，心无凡事，精神自由，灵魂安然，健康地活着。有人潇洒地说：幸福是采菊东篱下，悠然见南山；有人抽象地说：幸福是一种感觉，跟自己合一，内心感觉被爱，美满、喜悦、安宁、充实，被整个宇宙祝福……这样说来，幸福实在是太平凡了，幸福一直与我们如影相随。人到中年虽然累些，但能够感受到来自父母和孩子浓浓的爱和依恋，深刻体验关爱、担当和责任，何尝不是幸福呢？

注　此文获国网山西省电力公司“我的父亲母亲”征文二等奖

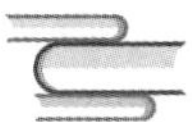

国网临汾供电公司

刘海霞

父亲和汽车的幸福情结

时间过得真快，转眼间，父亲已经退休 10 年了。

父亲曾是军人，1965 年入伍，在部队汽车连开汽车，从此，就与汽车结下了不解之缘。1974 年转业到襄汾县电业局，一辆美国吉普车成了他钟爱的伴侣。每天早上睁开眼，就去摆弄方向盘，跟着领导开会、出差，或是跟着线路班出去巡线，要不就是跟修试班去变电站检修、做试验。那个年代汽车很少，忙完分内的工作，有时还会被县领导紧急调用。在我整个童年的记忆里，父亲很少在家，总是在忙，偶然的空闲，也是待在车库里和伙伴检查汽车，修修这儿，弄弄那儿，擦

来拭去，永不得闲。

等到那辆美国吉普车修得不能再修了，父亲又开回来一辆北京吉普212。车是新了，但仿佛越忙了。我记得那时候局里一共三位司机，父亲最年轻，整天像个陀螺一样，家里更指望不上他干活了。那个时候汽车也没有空调设施，冬天还好说，夏天的时候，驾驶室里跟蒸笼一样，父亲的额头密密地沁满汗珠，擦了一层又起一层。有时候跑的路途长了，汽车水箱会“开锅”，空旷的田野没有人家，他还得步行很远的路去找水。乡间的公路基本上没有硬化，汽车开过后，浮面上的黄土掀起一阵土雾，跟着汽车在跑；遇到下雨，汽车往往陷进厚厚的泥洼里动弹不得，车上的人全都下来推，或是叫来附近的老乡帮忙，这些坑洼曲折的土路，怕也会记得父亲和他的汽车的身影吧。

童年的记忆总是会定格在一个特定的场景里。记得小时候，早过了饭点，父亲还在车库里忙，我带上妹妹去叫他回家吃饭。炎热的夏季，连一丝风都很吝啬。车库里很静，我们找了很久，才发现父亲躺在大大的汽车底下修车，身体一动不动。我们俩都慌了，三岁的妹妹吓得哭叫着，用手去拉他，他探出满是油污的脸，咧开嘴笑着去哄；回到家，少不了又挨母亲的埋怨。那时候，母亲在商业部门工作，每天倒班回家吃饭，但无论回家迟早，总得自己动手做饭，家里的事务不但指望不上父亲，反而还要多操他的一份心。母亲边拾掇家边数落他：“你能给公家省多少钱呢？你想让修车的师傅都饿死呀！”他在水池边哗啦啦地洗着，嘿嘿地笑：“全都是小毛病，自己琢磨琢磨就修好了，能省一分是一分呢。明天要跟线路班出去，全都检查一遍才放心。”

1984年的夏天，我永远都不能忘记，父亲和修车师傅在给一辆汽车大修，修车师傅用汽油清洗汽车发动机时，突然“嘭”的一声引起明火，跳动的火焰瞬间溢出汽油桶，在场的所有人都惊呆了！当一股黑色的浓烟从车库

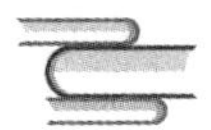

大门里飞上天空，父亲做了一个惊人的举动：赤手提起着火的汽油桶，甩向车库门外！同事们安全了，车辆保住了，可父亲的手却严重烧伤。

在电力部门工作三十余年的司机生涯里，父亲经手的几辆汽车总是保养得最好，也最干净，派车的时候，大家都争着派他的车。父亲就是这样朴实勤恳，默默无闻地配合着一线的工作，连年被组织评为“优秀共产党员”“先进工作者”，那一摞鲜红的证书被父亲整整齐齐保存在柜子里，成为一段温馨的记忆。

现在，父亲虽然退休在家，可心里依然牵挂着那些车辆，每每到停放着车辆的公司大院里，总是转转反光镜、试试轮胎，目光里满是慈爱与深情。年轻司机们也乐得和他谈心，他总是不厌其烦地讲解，毫不保留地传授自己多年的出车经验与保养窍门。

多年来，父亲的一言一行都在潜移默化地影响着我，他的乐观处事、他的敬业奉献，时时鼓舞着我，让我保持一颗昂扬向上的心，让我踏踏实实做事、做人。当我在键盘上敲出这段文字时，门外有人吆喝着：刘师傅，帮忙倒一下车吧。父亲应声出去，沉着地指挥着：倒！倒！左打，回轮……

注　此文获国网山西省电力公司“我的父亲母亲”征文二等奖

国网吕梁供电公司

张宏琴

父　　亲

我的父亲出生在农村，敦厚朴实，少言寡语。他比其他人更普通、更平凡，就像一滴雨水、一片雪花、一粒微尘，渗透在泥土里，飘落在空气中，看不见，摸不着，不会引人注意。可父亲在我的心中却是一座静立的山峰，巍峨高大，为了我们的家庭，经历了多少世人所不知道的苦难与辛酸。

对于经历过 1960 年的父亲那代人来说，能活下来就是希望，每一餐能吃饱就是梦想，能让家里的老老小小每日都能吃上饱饭就是他的责任。从记事起，父亲每天都日出而作、日落而息，伺候着那片土地，看看是不是该浇水了、是

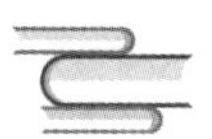

不是该打虫了、是不是该除草了、是不是该施肥了……对于父亲来说，土地就是他的命根子，伺候土地就是他的职业，收获的粮食就是他的薪水。

上初中时我们去外村上学，记得有一次晚上下自习晚了，阴暗的天空中月亮时隐时现。听别人说最近治安不太好，我的心里像揣着个小兔子，七上八下的。这时候，思想变得格外活跃，许多恐怖的电影、电视镜头一齐涌进我的脑海中，快成熟的麦子也随风摇曳着，发出窸窸窣窣的声响。我一边想，一边快速地骑车。突然看见前方有人骑车过来，近了一看原来是父亲，心里顿时温暖许多。父亲在前面走，我在后面紧紧跟着，就这样，父亲骑车的背影成了我的依靠，看着他，我的心里就充满了安全感。稍含凉意的晚风传送着父亲的话语："好好骑，紧紧跟着我，跟不上就说一声，跟着我走，小心石头……"父亲亲切的话语让我感到阵阵的温暖，心头的恐惧也渐渐消散。曾经学过朱自清的散文《背影》，当时还在想：父亲给买几个橘子有什么值得感动的？那一晚，我才感觉到父亲的爱是多么深沉。我的眼睛湿润了，一切都模糊了，只有父亲的背影越来越清晰……

初中三年一晃而过，我顺利地考入了县重点高中。为了不辜负父亲对我的期望，高中三年我刻苦学习，功夫不负有心人，我收到了大学的录取通知书。当我收到大学录取通知书时，倒没有范进中举般欣喜若狂，而父亲的喜悦却跃然脸上，溢于言表。母亲说，当晚父亲看着录取通知书泪流满面，因为这不仅圆了我的大学梦、成功改变了我的农村户籍，也圆了父亲曾经因被剥夺了受教育的权利终生未能实现的他自己的大学梦。

大学四年过后，我面试，参加工作。我在慢慢地长大，可是父亲却在不断地变老。为了供我上大学，父亲在手受伤后还坚持到地里劳作。他本不该有如此黝黑的皮肤，可那是因为他一年四季日复一日在地里劳作才把皮肤晒成这样的。他的手粗糙得惊人，变形得不成样，那是他为我们付出最好的见证。父亲的背本如大山般坚毅，只是岁月的风霜让他那高大威武的身影日渐消瘦，令他那年轻的容颜日渐变老。

我的父亲，虽不善表达，却是个感情质朴的人。这二十年以来，从身体到心灵，我真挚地感受到了父爱的暖融融，我每一刻都在父亲温暖的怀抱里成长着。他如同一朵蒲公英，时时刻刻散发出淡淡的芳香，飘散在有我的天空。他，平凡、朴素，却是最伟大的、最无私的。在这里，祝我亲爱的爸爸父亲节快乐！

注 此文获国网山西省电力公司“我的父亲母亲”征文二等奖

国网晋中供电公司

董丽娟

我的父亲母亲

忙忙碌碌生活的我，每天早出晚归，各种形形色色的人在我的生活中扮演着不同的角色，一回到宿舍就倒在床上，以为生活本不过如此，独自一个人饿了吃饭、累了睡觉。百无聊赖中在朋友圈发表了一个状态，刷刷存在感，多多少少有些夸大其词地说自己感冒头疼得厉害，发布的刹那就想象着、期待着来自各种朋友的关心，可万万没想到是他们第一时间打来了电话，意外之余，又顿时觉得最合情理，没错，是他们，我的父亲母亲。

“娟娟，这两天暑热中，是不是中暑了？要不让你爸给你买点藿香正气送到单位去……”妈妈关切地问着，旁边还隐约能听到父亲的不住地叮嘱。我装作没事的样子说：“妈妈，你和爸也多注意身体，你们好了，这比什么都强，我会注意的，你们就别担心我了……”一股莫名的心酸在心窝里冲撞，话没说完我就放下了电话，怕自己控制不好情绪会哭出来。一个电话居然把思绪带回到了多年之前……

记得那时候还小，父亲每天早出晚归，可能这就是电力工人的工作性质吧，小小的我什么都不懂，只觉得那时候的父亲特别威风，用膜拜英雄的眼光目送着父亲爬高就低，如同杂技演员一样。后来我才知道，父亲的工作竟是如此的危险，如果保护措施没做好，父亲很有可能会从上面摔下来。我的担忧不是没有道理，正是那次令我刻骨铭心的事故，才让我深深懂得从事电力行业的人是如此的不易。一个再平常不过的傍晚，父亲为了按时给村民送上电，刚忙完一个现场的工作就立即赶到下一个现场，可能因为连日来的疲惫，他从一处距地面超过安全距离的杆塔上掉了下来摔伤了脊椎，在场的同事急忙把父亲送进了医院，医生说如果受伤的位置再下移一公分，我父亲将会面临下肢瘫痪的危险，这让在场的所有人感觉脊背一阵发凉。坚强的父亲在伤病的折磨下硬是挺了过来，我知道父亲心里一直想着这个家，他知道如果他挺不过来，我和母亲以后的日子将会过得艰难，现在父亲好了，还像之前那样，作为家里的顶梁柱支撑着这个家，也依旧作为一名电力工人继续扎根在基层，为着小家祥和、为着万家灯火，开着他的那辆破旧的面包车穿梭在大街小巷，服务在每一个需要他的地方。

如今，我也光荣地从事了电力这个行业，但我不再像父亲一样奔波于现场，这样虽然不能让我亲身经历一下父亲做检修的光荣，但最起码让父亲少了一份担心、多了一份放心。每每这时母亲就会站出来埋怨父亲，因为如果不是父亲执意要我选择这一行，母亲是万万不会

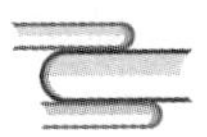

让我去学电的，自从她经历了父亲的那场意外，她就怕我面临与父亲同样的危险，可是父亲是个干一行爱一行的人，他爱得至深！父亲说一定要让我学电，只有入了行才会感受到人对于社会的意义。父亲说得没错，虽说我入行的时间不长，可是我知道这一行带给我的不仅仅是对于社会的意义还有自身价值的体现。

我今年 25 岁了，回顾我之前的岁月，母亲陪伴了我 25 年的每一个阶段，最难熬的是考研的那个学期，母亲刚刚退休在家，本是可以享受清闲时光的母亲，为了让我能够考上我梦寐以求的学校，她毅然来到了太原这个陌生的城市，为的是让我有一个更好的环境，毫无顾虑地去读书。在这一年来，母亲无微不至地照顾我的日常起居，可我却经常因为学习上遇到困难把气撒在母亲身上，母亲不但不生气，反而经常宽慰我，让我凡事想开，想各种方法让我摆脱困境，这一年下来，母亲看起来消瘦了，脸上的皱纹又添了几条、深了几许。还算功夫不负有心人，我成功了，但是我并没有选择上研究生，可能从一开始我就是“不服气”地想证明一下自己，我并没有打算读研，我满心想的就是想早日做和父亲一样的人，我何尝不知道这样的选择会深深地伤害母亲！从那以后，母亲的情绪就一直不太好，她会经常想多，觉得是她自己的原因，觉得自己什么都做不好，会经常不自觉地掉眼泪，我常常对母亲的表现很费解，甚至不耐烦，父亲提醒我，母亲是到了更年期，凡事都要多顺着她，这样她才会心情舒畅，有利于她的健康。是啊，我才知道向来强大的母亲也有如此需要人关怀的一天，我从来都那么自私，只会想着自己，母亲为我付出了那么多，我却从来没想过对她多些理解和关心。

我不愿用“伟大”一类流于浮夸的词来褒奖我的父亲母亲，深沉的爱受不起无谓的夸大，唯愿他们强健、快乐、幸福、安康！

注　此文获国网山西省电力公司“我的父亲母亲”征文二等奖

国网山西检修公司

张　洋

突然间　父亲就老了

有首歌是这样唱的："时光时光慢些吧，不要再让你再变老了，我愿用我一切，换你岁月长留……"每当在 KTV 唱起这首《父亲》，喉咙喊到沙哑，眼睛变得湿润，全身扭到颤抖，脑中浮现出父亲高大的背影，放下话筒，和朋友们干杯，想念心中的父亲似乎还是那样英俊、那样挺拔，似乎永远不会老去，不会转过满是沧桑的脸庞，不会弯下挺直的脊背，我就这样一直站在父亲宽大的肩膀上、一直爬在父亲厚实的背上，享受着父爱给予我的一切。直到突然间，接到父亲因身体不适去医院检查的消息，我闭上眼睛，回想起那张让我熟悉而此时又让我陌生的脸庞，细细的皱纹爬上眼角，银白的头发盖住双鬓，厚厚的眼镜遮住眼眶，这，让我感到一丝不安，一种心疼而又心酸的感觉。很久以来，或许别人只是关注我的一丝成长、一丝进步，可父亲，就在这繁杂的关注中黯然退去，慢慢变老，等我发现时，他已年近半百，岁月在他的身上

悄然流逝，换取的，是我一天天的长大。突然间，父亲，就这样老了。

父亲是老一辈线路工人，依稀记得父亲每次出差回来，带着满身的泥巴和汗味，用硬硬的胡茬儿刮我的脸庞，然后在不到30平方米的房间内把我扛在肩上，四处“颠簸”，那时的我，不懂线路工人的辛苦，稚嫩的双手指挥着向左向右；那时的父亲，仿佛有着用不完的力气，可以轻松托起我举过头顶，也可以托起我的整个人生。稍微长大一点，父亲的形象就似乎严肃了起来，整日加班加点，整月出差巡线检修，每当我犯错，就用严厉的语气教导我；每当我获奖，就用一个笑容鼓励我，那时候，父亲就这样高大而不敢靠近、严肃而不会玩笑，那段时间，父亲是“刻薄”的。可印象中，父亲还是那样健壮，不管我成长多少、年龄几何，在父亲眼里，就是一个小孩子，我似乎也习惯了被照顾、被宠爱，我常认为，父亲就是一棵常青树，现在不会老，未来也不会。可当我接到母亲的电话说父亲去了医院检查，我的心里一震，不停地问：父亲，你怎么老了？是岁月的无情，还是我的“蚕食”？是华灯的摧残，还是我成长的交换？但事实提醒着我：父亲老了。心中纵然有千般焦急，但在打通父亲电话的那一刻，我却说不出口，即使再问候，父亲也只有一句话：“没事，小毛病，不用担心。”许多话被噎在了喉咙。这，也许就是一个男人，一位父亲的回答。

如今的我继承了父亲线路工人的事业，守护着根根银线，体会着父亲曾经留下的汗水，经历着父亲往日遇到的坎坷，作为一个犹如铁塔般的铮铮男儿，父亲带给我的，是一种信仰、一种决心，就算天塌下来，男人的脊梁也不能弯。可是此时，我多想握着父亲的手，依偎在他身边，放下种种所谓的“事情”，看着父亲，说一句：您辛苦了，是时候让儿子来照顾您了。有时候，我们忙于奔波、忙于生计、忙于服务社会，忙得忘记了父母在家中期盼的眼神、忘记了父母精心准备的晚餐、忘记了作为儿女最应该在意的事情，等到自己长大，肩负起许多的责任，可孝敬父母似乎永远排在后面，直到有

一天，感觉他们老了……记得曾经风靡一时的歌曲《常回家看看》，说出了游子心中的那份情怀，朴实的歌词下，让多少人为之流泪；和谐的旋律下，让多少人因此踏上归途。反省一下自己，这几年，我为父母做了什么？是让老人操不完的心，还是说不厌的话？是白昼的期盼，还是深夜的叹息？这浮华的世界、忙碌的人生，有时候，是应该放下一会儿手头的工作，去关心一下已满头银发的父母。不要等到父母生病时，我们剩下的只有自责与后悔。

就那么一瞬间，父亲就在心中老了；就在那一刻，父亲就在心中重了。时间沉淀了父亲浓浓的爱意，却在脸上刻下了深深的痕迹；岁月勾勒了父亲的蓝图，却在身体隐藏了病痛。一抹残阳落深巷，一盏黄灯盼亲降，一桌家常等谁凉，一滴浊泪让众伤。突然间，父亲就这样老了，回忆满是父亲的伟岸，却忽略了时间的年轮，此刻多想在父亲耳边说一句：爸，儿子长大了，您休息一下，让我来吧。

注 此文获国网山西省电力公司“我的父亲母亲”征文二等奖

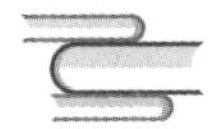

国网太原供电公司

赵　峥

儿时眼中的父母亲

于我而言，越是亲人，越不善于在他们面前表达亲昵的感情，只是具体做些事情表示我是在乎他们的，也从未想过要给他们写些什么，只是觉着彼此之间一切的关爱都是理所应当的。你写与不写，他们依然是亲人；你宣扬与否，他们就在那里，用他们的方式默默地关注、关心、呵护着你；你理解与否，他们的喜怒哀乐、酸甜苦辣咸都与你同在。

我儿时眼里的父亲，是既遥远又亲切、既崇拜又想念，是一个有距离的亲人。父亲曾是一名军人，是太原市第一批知识分子入伍的，二十世纪六十年代，初中生就算是知识分子了，我偷着乐了好多年。从我出生到上小学前，父亲给予我的父爱，就是那个只有过年或是暑假才能见到的父亲，要见他一面很难。一次院子里的小朋友打闹玩耍，一位小朋友还指着我喊："没有爸爸，没有爸爸！"旁边大一点的另一位小朋友说："他爸爸是解放军，有枪！"小朋友们就一溜烟儿都跑了。只剩下我自己委屈难过却又兴奋自豪地站在原地发呆，每天盼望着爸爸要能天天在家该多好。

二十世纪六十年代解放军最吃香，是最可爱的人。那时候院子里只有他一个“当兵的”，家里只有一个哥哥，排行老二。因为父亲忠厚老实、能干肯吃苦，很快就入了党提了干，还到西安的部队干部学校进修学习，得到了亲朋好友、周围邻居的喜欢和信任。母亲是小学教师，一年有两个假期。要么过年父亲探亲回家，要么暑假我们千里迢迢去看他。有时候有事拖着走不了，就只能干干巴巴等待，更多的时间他就是个念想。父亲既年轻又帅气，穿上那身军装尤其是“四个兜的”，每次一回来，院子里左邻右舍的年轻人都挤在家里、门口看他，嘴里还兴奋地喊着“二哥回来了！二哥回来了！”问这问那，新鲜地围着他转悠、拉家常。院里谁家有个啥事也喜欢和他唠唠、商量商量，平日里安静、寂寞的家父亲一回来变得热闹极了，能让小小的我兴奋好多天。

母亲一说起年轻时候的父亲，也常提起那些让人忍俊不禁的小事，大街上让他抱抱孩子吧，他就说，抱孩子军容不整，不能抱。父亲出差到甘肃，在商场看到一双鞋不错，就给母亲买了回来，结果回到太原一穿，两只鞋子标号一样，却一大一小，右脚太大。母亲说：“咋没挑一挑呢？”父亲说：“革命商场都一样嘛，不用挑！”那双鞋放了好久，给谁也不好穿。

母亲是老牌太原师范生，两条又粗又黑的大辫子是那年代的经典发型，下了学回到家没事就爱抱着书看。姥姥让她考师范，

她的理想是上大学，可是那个年代，能考得上、上得起大学的孩子太少了，因为政治过硬、朴实勤奋，她从小学一路连考试带保送地上了师范。那个年代上师范不用花钱，每月还有生活补助，毕业后还分配工作，现在看来是当时最佳的选择。母亲教过美术、语文、数学、书法，年轻时候不善言谈，工作上要强上进，记忆深刻的就是没完没了地忙工作，有点空闲就拿起家里箱子上学生们的绘画作业给我们看，还一张一张地点评，怎样画才好看；后来是拿学生的作文给我们看，评价着写得怎么好、词语多么漂亮；再后来是数学题，夸赞这个孩子怎么聪明，这种解题方法既简便又快捷。这种做法多少对我们子女后来的成长有着一定的影响。母亲判卷子、改作业到晚上十一二点是常事，还经常带着四五个或是七八个学生回家补课，本就很小的家里挤得满满的，小板凳、高凳子、床上都是学生。那时候补课哪里有收费一说，白给补习还不干呢。家长们不像现在满世界的找补课老师，那会儿放学都早，孩子们贪玩不想补，有的家长也不理解，还埋怨为什么不让孩子早点回家干点杂活。就是这样，母亲带的毕业班年年成绩拔尖，奖牌证书拿了有几摞。班里各种队会活动多姿多彩，尽情发挥每个孩子的优点，小惊喜不断，黑板报、小报、手工、小发明，连广播操比赛都排个小方阵来回穿插，孩子们可喜欢了。时不时常有参加工作的学生回来找上门看望母亲。遗憾的是母亲身体落下了职业病，由于长时间吸“粉笔末儿”肺部较弱，一有风吹草动就难受，眼睛也不能长时间看书，只能听电台广播。可想母亲好学上进又爱看书、爱写爱画的心是怎样的失落。

20 世纪八十年代末，刚上班，父亲就给我和一同参加工作的大妹规定“三不准”：不准烫头，不准穿奇装异服，不准穿高跟鞋。因为这，大妹悄悄烫了头、又被迫剪短，我们多少年都是素颜、直发，想俏皮臭美一下，也是悄悄地不敢在父亲面前显摆。父母亲对我们的影响是日积月累的，中华传统文化对他们的影响也是潜移默化的，从做人做事、学业上的严厉严肃、谈心教化到现在生活中无微不至地嘘寒问暖、鼓励上进、与人为善，用他们自己的方式呵护着这个大家庭，我们也从中一点一点体会着越来越亲、越来越近的亲情。前年是二老的金婚年，父母亲在瓶瓶罐罐、磕磕绊绊中相濡以沫、走向夕阳，这也是我们子女感到既羡慕又幸福、快乐的一幕。去年父亲节，下班路上正好听到了太原交通台播放筷子兄弟演唱的《父亲》：“总是向你索取，却不曾说谢谢你，直到长大以后，才懂得你不容易”我潸然泪下，军人出身的他让我们对他的敬畏多于亲切、严肃多于欢笑。父亲是“多面手”，干什么像什么，年轻时学中医自己理疗针灸、自己动手做樟木箱子，用在八一铜矿废料中捡的化石雕刻天安门、猛虎下山、双塔寺，惟妙惟肖，我四五岁时去部队当小跟班，父亲开会辩论讲话，听得入迷。家里水电木工小活不在话下，包括退休后钟爱种地，拢地、间苗、除草都特漂亮，有板有眼，旁边的老农还说：“你这干的活儿比我们都好！”

不知从什么时候起，父母亲有了皱纹，可以聊天玩笑了，人也日渐消瘦。如果时光可以倒流、穿越，我愿意回到儿时，享受难得快乐的童年时光。不过，我更愿意、更珍惜现在和父母相知、相守、快乐幸福的日子……

注　此文获国网山西省电力公司“我的父亲母亲”征文三等奖

国网朔州供电公司

尹江峰

我的父亲母亲

我至今仍然常梦到那个老院子，虽然离开那儿已经有二十二年了，在梦中的那个院子里，他们永远是年轻的：我的父亲和母亲。

我人生最初的记忆在这个院子的西墙外，那是片黄色小野花，从我家的西墙一直向天边蔓延，到太阳落山的地方，野花高过我的膝盖，甚至更高，我穿梭其中，自在快活，我爸就靠墙根坐着，穿一件红色也可能是褐色的毛衣，他那时候比我现在的岁数还小不少，瘦而挺拔，皮肤远不像今天这般黝黑，话不多，带我去各种地方，让我熟悉了这个世界。

那个阶段我的记忆像块饼，一刀切两半，一边上面可能是葱花，一边可能是芝麻，无论哪边面都是主要内容；我爸和我妈就分别是两边的面胚子，我妈手里总有我想要的零食，都是她给我用魔术变出来的，在那个老院子的老屋子里，我闭眼、睁眼，好吃的就变出来了，神奇无比。我爸那时候在离家三十里地的地方工作，院子里有条大黑狗，西屋有个大书柜，云朵幻化成各种样子，但却总是下着雨，黑狗趴在柴房的屋檐下，尾巴湿漉漉的，雨点敲打着玻璃，屋里我和我妈坐在沙发围成的大圈圈中间，她手里捧着从西屋书柜里抽出来的一本故事书，她的头发长而乌黑，皮肤白皙，眼神像一泊湖水，她的声音和雨声交织在一起，我心中踏实而宁静。

有天早上，我站在一片田地里，空气中满是清凉与潮湿，四周是一望无际的绿色，我面朝东，望着一列火车，由北向南，刺破晨雾，去向远方，露珠从叶尖滑向脚踝，火车的汽笛声穿越时间荡漾至今，这时候，我爸正推着一辆“二八”自行车远远向我走来……我看见姥姥正在远处捡菜叶子，我坐在“二八”的横梁上，感觉到身后的热气和平稳的呼吸。火车又来了，我的耳边响起了风声，迎面而来的湿冷让我打了一个寒战。有一阵子，火车在我身边速度慢了下来，“库奇卡奇”地摇曳着我的身体，我的一边是玻璃背后神秘晃动的人影，一边是迅速后退的花草和姥姥，我听见脑瓜顶上的呼吸越来越急促，渐渐地，连同离去得越来越快的火车，和我远方的梦一起倾斜向湛蓝的天空。

那天下午，这个小城市的街道有点昏暗，我坐在自行车后座上，藏在我妈背后，20 世纪 80 年代的风夹带着黄土高坡的沙尘，她蹬得很吃力，我紧紧攥着她后背的衣服，她喊着我的名字，问我是不是睡着了？我们一起摇晃着过了几条街道，摇晃着穿过几条巷子，摇晃着走进一扇门，里面有几个和我差不多大，或者比我略大点的孩子，我妈给我

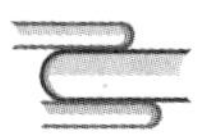

挎上一个黄色小挎包，上面有只白色的小猫，里面有我的水壶和几块饼干，我说：“妈妈再见，早点接我。”她迅速扭过头，匆匆忙忙推着自行车走了；我趴在门缝上，望着她的背影，她仍然摇摇晃晃，一只手时不时向脸上抹去。

现在，窗外影影绰绰的这座山，师傅说叫黑驼岭，那是朔州的制高点，近三十年，我兜兜转转，来到这里，也把我爸我妈从记忆里带到了电话里。我回家的时间越来越少，平时在这儿工作，周末经常去会朋友，有时候一算，他俩都已年近花甲，内心其实很紧张，我从未设想过，某一天，他俩携手远行，我只剩记忆中这张饼时，生活该如何继续？我只能不断去规划他们的体检。

我们的关系暂时进入了一种电话说事、见面逼婚的状态，我成了大人，他们又快成了孩子，仿佛我和他们从两个点出发，在时间中相遇，然后又要错过。前年有人问过我一个问题：如果你只能选择和一个女人去周游世界，你会选择谁。我想，如果有这样的机会，我是不是能带着我妈走遍万水千山，再回到我们家老院子老屋子里的那个沙发圈圈里，等到雨住云开、星辰满天，大黑狗吠几声，白炽灯亮起，我妈清眉秀目，我爸正在回家路上。

注　此文获国网山西省电力公司“我的父亲母亲”征文三等奖

国网阳泉供电公司

李瑞芳

又是槐花飘香时

年年岁岁花相似，岁岁年年人不同。

又是一年一季槐花盛开的季节，一阵风儿吹过，绵软清甜的槐花纷纷撒在你的头上、肩上，仿佛低语“我来了”。一曲《回家》的萨克斯音乐正从空中飘过，穿透我的灵魂，牵着我朝家中那棵大槐树的方向急速飞去，见到了那高耸入云的大槐树正莺歌燕舞、鸟语花香，又回到了儿时嬉戏幸福的童年，又想起了我那尘封心底的亲人！

永远难忘记，那一天，一辆救护车突然停在村庄那棵大槐树下，走了一年多的妈妈、哥哥和父亲回来了，父亲躺在担架上，吸着氧气、输着液。父亲看见我时，眼泪啪啦啦地

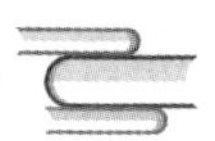

流下来，这是我平生第一次见父亲流泪。我吓呆了，这是最亲爱的父亲？走的时候还抱我亲我、用胡茬儿扎我、逗我、跟我笑，可回来竟是这样？后来从大人嘴里才知道父亲住院手术，切割了 4/5 的胃，已经到了晚期。我可怜的父亲。

我想起了父亲的音容笑貌、想起了父亲和我们相伴的短暂时光，犹如清香的槐花味道，一直甜在记忆里。

父亲是一名艺术家，书柜里摆满各种书籍、书画用品和雕刻工具，屋子里总是挂着父亲自己的书画作品，一种如槐花般清雅的书香萦绕着我们。记得当时还没有照相的，村里人谁想有张自己的像就去找父亲画，还有好多老人找父亲给他们画遗像。记得当年县城刚成立戏团需要各种背景，专门去请父亲画，包括村里也是。那么大的一块布垂挂在空旷的舞台，仿佛真的皇宫立在眼前、真的盘龙张牙舞爪在柱子上。他们还请父亲用木头雕刻了龙头拐棍和各种脸谱。最感兴趣的是父亲用泥巴做了猪八戒、孙悟空等各种头盔以及牛斗虎各种模具，让村里人闹元宵用，村里的年轻人每年元宵节在大槐树下争着抢着玩，大槐树下聚集了全村的老老小小，由此村里便有了闹元宵的各种活动。像槐树用繁茂的枝叶在盛夏给乡亲们提供福荫纳凉一样，父亲给乡亲们创造了精神上的财富。

中秋节的时候，父亲还会用木头雕刻成各种形状的月饼模子，帮乡亲们打月饼，用树根精心雕刻了嫦娥奔月做台灯，飘逸的裙带、妩媚的身姿，栩栩如生、飘飘欲仙，成了家里的宝贝，后来听母亲说父亲病重时为了感谢一名医生送人了，而现在唯一留下的便是父亲在晋中兵工厂时亲自雕刻制作的毛主席各种像章和各种白色雕像，听母亲说当时为了给各个部队、各个工厂做这些像章雕像，父亲与外界隔断联系好几年，甚至连家都不能回。父亲成了全家的骄傲，也成了我一生最崇拜的偶像。父亲像大槐树一样，深深扎根在人们心中。

父亲是一位多才多艺的人，他平生除了喜欢琴棋书画及养花鸟鱼、垂钓等以外，还喜欢摄影。父亲会自己拿相机在大槐树下给我们照相、自己冲洗胶卷，那个时候，没有彩色胶卷，自己冲洗时用颜料染，照片出来时就是一张现成的彩照。元宵节的时候，父亲会亲手做几个漂亮的灯笼，或八角的，或圆的，或会转动的有图案的古代灯笼，父亲用他的智慧照亮了我们的世界，犹如大槐树一样高耸入云，为我们指引着回家的方向。

父亲对我们是最严厉的。自从记忆起，家里便挂着一块大木板，上面画满一个个小方格，写满了几百字，记忆中二哥总是站在旁边，被父亲检查认字，一有不会的便用小木棍教训，以示惩罚，二哥因为父亲的严格，五岁时便认得两千个汉字。父亲会给我们买好多好多小图书，装满了我们的整个童年，装满了我们的整个人生。虽然家境贫寒，但在我们的精神世界里却是如此地富裕、如此地丰盈，我们不会去奴颜媚骨地活着，因此，人类真正的富有不只是物质层面的，最重要的是丰富的精神世界与骨子里的富有。爷爷病了几十年，父亲大部分的收入都给爷爷买药看病了，直到父亲走了，爷爷还被蒙在鼓里。所以，父亲留给我们的没有什么家财万贯，但父亲的为人、父亲的一切，便是留给我们最大的财富吧！父亲给了我们一个丰富的世界！即使贫穷，但在别人面前从来都是堂堂正正、自信自豪的，犹如大槐树一样，无论任何贫瘠的土地，都能坚强地撑起一片天空，都能繁花似锦，清香怡人。

父亲对我是最宠爱的。记得小时候我都四年级了，父亲还经常抱我走路。记得就在那棵大槐树旁，父亲抱着我遇到了学校的班主任，我才不好意思地从父亲身上下来，至今记忆犹新，那么甜蜜、那么温馨。父亲的胸怀是宽广的，可以装下我的一生、装下我所有的梦；父亲的肩膀是温暖的，父亲的爱更是坚定牢固的，为我挡住了岁月的风沙，让我从不畏惧勇往直前。父亲的爱就像槐花一样，甜蜜了我的整个童年；永远清新，永远香甜，永远沁人心脾。

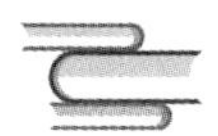

父亲是无私助人的。记得小时候，村里谁家自行车坏了或什么东西坏了，便请父亲去修理，即使病重期间也毫不例外。记得有一次父亲病得在床上躺着，村里一个人过来找父亲去修缝纫机，按理说直接回绝就行了，可是父亲却什么也没说就答应人家了。人家走了，他才咬着牙、用力撑着慢慢坐起来，整理好衣服，用手按着肚子，半弯着腰，不顾妈妈的阻拦蹒跚出去，说："没事儿，应该很快，一会儿就回来了。"可是，那一次，父亲走了半天才被人送回来，父亲硬是咬着牙坚持给人家修好，直到往家走时，看见父亲弯着腰一点点艰难地往前走，人家才发现父亲病重厉害送回家来。想念父亲时便想起家乡的大槐树，任凭风霜雨雪、岁月侵蚀，总是默默无言无私地奉献着自己、福佑着父老乡亲，永远矗立在人们心中！正如诗人臧克家所言："有的人活着，他已经死了；有的人死了，他还活着。"

自从父亲做手术回来后，整个人一天不如一天，在床上躺了几个月后瘦得成了皮包骨头，父亲在用他最坚强的意志维持着生命，用无以控制的病痛来延续与我们之间一天天、一点点的相守。村里的父老乡亲都过来看望父亲，"一个好人呀，年年轻轻就成这样了，唉！"泪眼中充满了惋惜与悲痛。

永远忘不了那一天的清晨，刚过完正月，天气还很冷，父亲就撇下我们走了，永远地离开了我们。那一年，父亲 47 岁。父亲最后走的时候，恋恋不舍地看着我们，空洞的眼睛留下了全部的泪水，直到最后都没有舍得把眼睛合上，还是家中的一位奶奶最后帮父亲把眼睛合上的，那是我一生中看见父亲的第二次流泪，也是最后的流泪。父亲最不放心的就是我，最淘气、最小，我是他一生的担忧！

父亲出殡那一天，除单位、亲戚朋友外，全村人老老少少都去送父亲，还有乡政府、各机关企事业单位领导及学校的老师们，各种花圈拉长了送葬的队伍，围绕在那棵大槐树前，久久不肯离去，任泪水淹没了整个村庄，任风儿呜咽了山峦树木。

父亲走了，只剩下了可怜的妈妈和我们都未成年的兄妹四个，从此相依为命，风雨人生！

“树欲静而风不止，子欲养而亲不待”。2011 年的圣诞节，母亲帮我把一对龙凤胎宝宝拉扯到刚满三周岁，也匆匆走了，只剩下我刻骨的思念与悲痛的遗憾，像无根的蒲公英，在风中飘零……

如今，又是槐花飘香时，我深深地想起了我的父亲母亲，想起了那棵给我幸福、给我回忆的大槐树，想起了那个让我朝思暮想的心中的根，我永远地怀念着，在夜里、在梦里、在痛里，在往前的每一步路上……

注　此文获国网山西省电力公司“我的父亲母亲”征文三等奖

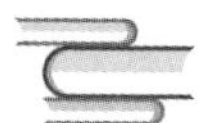

国网吕梁供电公司

张卜文

开　始　懂　了

一

直到 17 岁之后，我才渐渐地开始懂了父亲对我的爱。

记忆中的父亲非常严厉，一瞪眼就能让我脊背发凉，吼一句就可能惊得我泪水在眼眶里打转。现在回忆起来，在我低头垂泪诚惶诚恐的潜意识里，把父亲威严的表情画成了一张充满怒气的脸谱。

也许是因为一个英语单词背了半个小时没背下来，父亲对我不用心的失望；也许是抄了别人的作业，父亲发现后大发雷霆；也许是一道题三番五次做不对，触碰到了父亲耐心的底线。总之，我记住的总是他对我的怒喝与拳脚相加。

7 岁生日那天，我好想拥有属于自己的第一次消费，又是撒娇又是装好孩子使出浑身解数终于拿到父亲给我的一张“大团结”。那时候的十块钱可是一笔巨款，能让我们一家至少生活一个星期了。出门时天上

飘着小雪花，可在我看来那是老天在为我一个人绽放的烟火。我拿着钱装兜里怕丢了、攥手里怕掉了，最后思来想去放到心爱的铅笔盒里，美美地感受“巨款”给我带来的兴奋。然而，等放学的时候，“大团结”还是不翼而飞了。

打开铅笔盒不见“大团结”的时候真有种一桶冷水从头浇到脚的感觉。7 岁的我还很单纯，没想过回家会有什么待遇，我垂头丧气冒着大雪回了家。家里小炭炉闪烁着温馨的火光，父亲正在捏油糕，看到垂头丧气的我回到家，马上意识到发生了什么情况。“钱呢，你买什么了？”父亲尽量克制着自己，那一个星期甚至半个月的生活费交给我刚半天，没听到响一声就不见了。“丢了，我放铅笔盒里……”我话没说完，父亲手里的油糕就奔我飞来。我左躲右藏钻到椅子底下，还是结结实实挨了一顿揍。我哭着冲出门外，冲到外面无尽的大雪中。

“滚回来！”父亲威严的一声怒喝犹如惊雷。我乖乖地转身回来，抽泣着过了一生中最不痛快的一个生日。

一直以来，我都无法理解父亲，更别提理解父亲对我的爱了。父亲充满怒气的脸谱形象，一直深深地印在我的脑海里。

然而，我觉得自己的童年还是非常快乐的。父亲有很好的手工，会木匠、会泥瓦匠……在我眼中，他也是无所不能的。家里的家具是他和叔叔们亲手做的，家里的炕都是父亲设计并一块砖一块砖打造出来的。别的小朋友拿着玩具枪炫耀，父亲用一根铁丝，一条橡皮筋就给我曲了一把小手枪，虽然没有声音，可是可以发射“纸弹”。家里不少的玩具都是

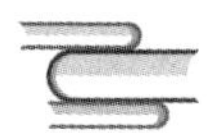

父亲亲手给我做的，别的小朋友有的，父亲总会想办法让我也能拥有。父亲对我的爱渗透在点点滴滴中，然而我并不懂，还会把我自己调皮捣蛋、不明事理赚来的“皮疼”（临县方言，挨揍的意思），作为是父亲不爱我的证据。

二

说起挨揍，还有些趣事。反正我也不记得为什么挨揍，估计就是皮痒了。父亲揍完我，总会怒喝一声：“不要嚎了！”可是情之所至，哪里那么容易就停下来？只好从号啕大哭转成慢慢抽泣。然而，父亲表示男子汉应该当止即止，拖拖拉拉、抽抽啼啼大失男儿本色，便会再加一句：“叫你不要哭，一口抿住！”作为一个和男子汉还有很大差距的小男子汉，当然不可能说到就马上做到，只好回了一句：“你老是催人泪下，我哪儿能一口抿住？”听到我这么使用成语“催人泪下”，父亲的脸绷不住了，捧腹大笑；我也在旁边不明就里地边哭边笑。从此后，催人泪下的不止是感人肺腑的事情，还有父亲手里的笤帚把。

初中的时候，小县城里开始兴起了游戏机。作为一个男生，向来对这些打打杀杀、热热闹闹的游戏没有抵抗力，于是以前用来买冰棍买零食的私房钱都换成了游戏厅老板手里的钢板，放学后、下自习后总会冲进游戏厅痛快淋漓地玩上一会，然后还会意犹未尽地跟在别人“背后指点江山激扬文字”，于是每天晚归那么半个小时已经成了常态。刚开始我还以好好学习认真做题为借口和家里撒谎，直到有一天父亲黑着脸把我从游戏厅里揪了出来。当时，我以为自己肯定要在万人瞩目中感受一顿身体与心灵的双重打击了，谁知父亲只是沉着声音说了一句“上车”，推过我的自行车带着我回家。回家路上有一道又高又陡的大坡，我每天都只能骑到一半，然后推着自行车上另一半，然而父亲带着我一路就那么不说话，用力蹬着自行车。父亲一直都有哮喘的毛病，我坐在自行车后座上，听着他好像拉风箱一样的呼吸声，眼泪止不住地往下掉。我忽然开始懂了，父亲对我的教育，不管是揍我或者是言传身教，都在影响着我。父亲明白一个十几岁的孩子有属于自己的尊严，他也知道什么样的方式可以更快地让我醒悟。

记得初中时看过汪曾祺一篇《多年父子成兄弟》，对我的影响非常大。我也想有汪曾祺家老爷子那样的父亲，当时觉得好像是一种奢望，现在看来，其实我的父亲也是那样优秀，虽然没有陪我写情书、教我抽烟，但对我也是倾注心血地陪我成长，全心全意地爱我，只是我不懂罢了。

三

吕梁的冬天，只有黑和黄。黄土高原上纵横的沟壑犹如女娲拿鞭子抽开的一般，然而一下雪，就会一片银装素裹。农历十月的一场雪落到地上可以持续到来年三月，有道是，十月雪，硬如铁。在这种覆满坚冰的路上，就算小心翼翼地走，也会一不小心就摔个四仰八叉。然而就是这样一个正月里，父亲要带着我骑摩托回一趟老家。

老家距我们住的小县城大概有 100 里路，当时的路崎岖坎坷，从县城到乡镇好歹还是柏油马路，从乡镇回村子那都是一边悬崖一边峭壁的羊肠小道。父亲骑着八零摩托，用军大衣把我裹得紧紧的，只露出我的双眼。把我抱上摩托车后，他又仔细检查了我的腿会不会太凉、手套和脖套有没有戴好，检查过好几次之后才上车，再用一根床单拧成的粗布条从我肋下穿过，紧紧地把我绑在他腰间，生怕我从摩托上摔下去。

父亲戴着头盔，一边要看着覆盖冰雪的道路，一边还要和我一直聊天防止我睡着。父亲瘦弱的身躯挡住了大部分吹向我的寒风，而头盔的盔镜由于温差和父亲一直说话，一会儿就会蒙上一层水雾，父亲只好过一会儿就停

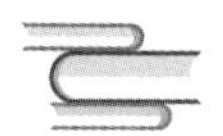

下来把盔镜抬起来透透气，凛冽的寒风瞬间就会让父亲头盔里的汗水变得冰凉。我并不知道父亲的情况，靠在他温暖的背上昏昏欲睡。

老家的地貌在黄土高原上属于比较少见的红砂岩，从岩石缝隙中渗出来的雪水结成一道道尖头向下的冰笋，远远看去，这些透明的冰凌挂在红色的岩墙上，嚣张而又漂亮。风声中，可以看到有的冰笋摇摇欲坠，还能听到冰笋掉下悬崖后一连串叮铃响着的声音。然而当父亲的摩托车走到冰凌下方的时候，才发现头上冰笋犹如尖刀，脚下还有一层厚厚的透明坚冰。父亲沉着冷静地操纵着摩托车，我瑟瑟地躲在父亲背后，心惊胆战地欣赏着眼前恐怖的美景和父亲的骑术。

一路上，虽然父亲不停地和我聊天，然而长达三四个小时的路程上，我还是睡着了。也许是父亲的背太有安全感，也许是父亲把我裹得太温暖了。

那个时候，我不懂父亲为何做那么多的保险措施，也不懂父亲的爱都在这些点点滴滴中。现在看来，曾经父亲做过的点点滴滴都在影响着我，让我明白了做事的谨慎，让我清楚了做什么都需要未雨绸缪。

四

如果把父亲骑着摩托算成一次带我旅行，那现在，我也开始喜欢带着一大家子的人、带着父亲去到处走走。

我喜欢自驾游，父亲当年带我回老家的摩托车也换成了现在四个轮的汽车，这不仅是从“肉包铁”到“铁包肉”的飞跃，更是我们一家人在共同努力和奋斗中跟随时代一起进步的见证。

家里房子越来越大，我们手里的手机越来越先进，然而和家人的交流却越来越少。回到家，每个人都拿着手机看，手机拉近了我们和世界的距离，却疏远了我们和家人的感情。所以我喜欢自驾游，把一家人关到一个狭小的

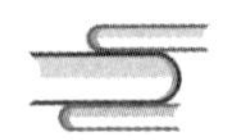

空间里，不能看手机，只能通过聊天去阅读彼此的心灵、通过沟通去和谐一家人的幸福、通过回忆去找寻我们生活中的点滴。

对于旅游，父亲和我都喜欢那种在路上欣赏美景的感觉，从地理看人文、从城市看发展、从历史看风俗，而不拘泥于某个景点。然而在去过九寨沟、泸沽湖和香格里拉等地之后，父亲和我的看法有了许多的不同之处，他说这么难走的路，再美的景色都会在心里打折扣。从横断山脉里穿行出来的我正是意气风发："王安石曾说，世之奇伟、瑰怪，非常之观，常在险远，而人之所罕至焉。"这么漂亮的美景，在经历过路上的险远之后，更是别有一番滋味。父亲可不这么认为，他说："现代社会的发展，就是要从交通、通信和电力上来看，人迹罕至固然能保护好一方环境，然而交通不便，有这美好的景色也无法转成经济发展的动力。"于是一路上我们就蜀道难、景色美以及高速路和社会经济发展进行了一系列的讨论。我们全家在车里和谐而又欢快。其实，我回到家才明白，父亲嫌路不好走并不是影响到他游玩的心情，而是他心疼我作为司机在这艰险的路上开车而他不能帮到我什么。

说起自驾游，我们也曾在路上遇过小插曲。我们开的车是和舅舅借来的，结果在湖南湘潭服务区无法启动了。当时我真的是手足无措，我们全家在服务区里可以说是两眼一抹黑，叫天天不应。最后通过我和父亲的各方奔波、询问，终于找到了拖车将我们拖离高速路。在等待拖车的过程中，父亲说了一句话让我当时差点泪崩的话，他说："孩子，你不要这样着急，你越着急我心里越难受。"很普通的一句话，我明白了父亲一向不善于表达的情感，我也明白了无论我做什么，父亲总会是我最坚实的后盾。

然而拖车来了之后又有新问题，拖车本身只能坐三个人，而我们的故障车里不允许坐人。看着一大家子跟着我在荒郊野外受苦，我实在不忍心再和家里人分开。天渐渐黑了下来，我们也开始越来越焦躁，最后在和拖车师傅多次协商之后，我们终于一起从湘潭返回长沙。在困难面前父亲和我一起积

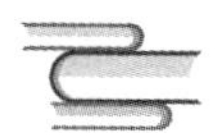

极行动，在我心情不畅之时父亲还要安慰我。在这次自驾游的小插曲中，我开始懂了父亲把爱全给了我、把世界给了我的情怀。

五

有时候，就是很简单的一句话，你就会从心里清楚，那就是父亲。

大学，是终于能离开家做一只在天空自由翱翔的小鸟的时候。那种海阔凭鱼跃的感觉，让我感觉以前在家里简直是“久在樊笼里”。大学时期的我自由而充满活力，偶尔给家里打电话，也都是母亲的回应，父亲似乎永远都不关心我在大学校园里过得怎么样。

记得初中毕业的时候，父母因为工作原因去南方一段时间。我和妹妹每次给父母打电话都会泣不成声，电话那头的母亲也会被我们感染得泪如雨下。于是一两次通话之后，电话那头变成了父亲低沉而和蔼的声音。

有一次因为一点小事情，我和妹妹吵得天翻地覆，我忽然说了一句：“吵什么吵，爸爸妈妈都不要我们了。”然后兄妹俩忽然就不吵了，对望了一眼之后就抱头痛哭，然后我们想起给父母打电话。电话那头的父亲依然语气平淡，但他的每句话都在关心着我和妹妹，问我们吃得怎么样、穿得暖不暖，然而这些话语都不能缓解我和妹妹对父母的思念，最后父亲安慰我们很快会回家、会给我们买很多好东西。

小时候的我们还比较好哄，上大学后，我也总会在小长假和放假时给家里打电话，说我不回去了，要和同学一起搞什么项目，或者去某个同学家逛几天，甚至会说我这个暑假不回家，我会在外面打工。每当这时，母亲总会在电话那头把父亲叫过来嘱咐我几句。

电话里母亲的声音换成了父亲的声音，从时间上判断，母亲接电话的时候父亲一定就站在旁边听我们刚才说了啥。父亲说：“回来吧，你妈想你呢。”是啊，父亲永远不会当着我的面或者在电话里说：“回来吧，我想你呢。”而我，也擦擦脸上的泪水告诉父亲：“我和人家已经说好了，这一个多月不回去了。”电话那边的父亲似乎不知道应该说什么了，顿了顿，他说：“爸给你包了饺子。”我这边本来已经收回去的泪水突然就像决堤了一样汹涌而出。父亲知道我爱吃饺子，也只爱吃他包的饺子。父亲很简单的一句话，改变了我暑假要去打工的想法，坚定了我回家的信念。

其实这样感人的小细节非常之多。记得在岚县《开讲啦》“常回家看看”现场，一位年龄和我差不多的同事讲了一个关于自己的故事。他是汾阳人，周末只要他从岚县回家，父母总会拿出最好的菜和最好的手艺欢迎儿子回家。有一次他打电话说不回家了，但是到了周六又没事干，于是没有告诉父母就回到了家里。饿了的时候，他打开冰箱门，发现里面只有简单朴素的白菜和一点点剩菜。他说，没想到父母如此朴素，他在的时候父母生怕给他吃不好；然而他不在的时候，却又如此节俭。我当时听完他的话，心头如同被重锤狠狠砸了几下：我的父母何尝不是如此！我忽然又想起来父亲那句“爸给你包了饺子”，我也开始懂了，爸包的不是饺子，是爱和思念。

六

现在，父亲回临县上班，逢周六周日才能回离石，他说现在回来是为了看他的孙子孙女。小新和小葵的出生给我们整个家庭带来欢乐、带来更多生气，也带来了更多的温馨。父亲每次回来总会高高地把两个飞奔到他怀中的小家伙轮着举起来，听小新叫爷爷、听小葵叽叽喳喳说着“婴语”。

我也会和父亲坐在一起，开心地聊一聊我最近的工作。父亲也会在听后点评几句，勉励我继续努力，踏踏实实地做下去。父亲是一名人民教师，他在讲台上总是神采飞扬激情无限。我在没有听到他讲课之前，只记得父亲坐

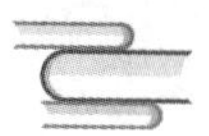

在我旁边辅导作业时对我的训斥；然而见到父亲的工作状态后，我才知道自己在工作中还需要更加努力投入。

看国外电影，像《魔戒》这样的电影，里面的角色在自我介绍的时候都会说，“我是莱戈拉斯，瑟兰迪尔之子”之类的。在十八岁之前，我在自己生活的那个小县城里估计也是依仗着父亲的名声与人去结识、交友，然而父亲总会希望看到，某一天他出门别人会指着他说，你看，那是某某某的父亲。

父亲现在也总会教育我，一个实在的人才是最聪明的人。永远都要踏踏实实去耕耘，老天算总账的时候绝对不会负你。

如果将父亲比作乾卦，作为长子的我比作震卦，那前二十几年就是乾上震下天雷无妄，在父亲的教导下塑造可以达到“元亨利贞”的性格和行为习惯。也许以后我会站在父亲的高度上，成为一个震上乾下的雷天大壮，那时候的我，也许会达到人生成长的另一个起点。

也许我现在身为父亲，开始懂了父亲对我的爱和苦心；也许即使我现在身为父亲，也无法完全理解父亲对我的爱和付出。但是，我真的开始懂了……

注　此文获国网山西省电力公司“我的父亲母亲”征文三等奖

国网山西计量中心

郭海旭

我 的 父 亲

我的父亲，是一个平凡到不能再平凡的农民。中等身材，黝黑的皮肤，粗大的四肢，皲裂的手脚皮肤，吸烟导致发黄的牙齿，花白的头发，属于扎在农民堆中无法辨认的类型。这样一个平凡的农民，他身上集中了劳动人民朴素、忠厚、老实、勤劳、节俭的品质，但他在我的心中永远是最可亲最可敬的父亲，这样的情感，是任何人都无法逾越的。

年幼无知，父亲是仰望的山

记得尚未进入学校之前，有一个阳光和煦的午后，父亲躺在摇椅上享受少有的悠闲时光。我突然发现父亲的头上出现了几根白头发，在黝黑的头发之中尤为显眼。在我幼稚的思想之中，父亲就是神一般的存在，神圣，能力超凡，白头发对于他就是一种诋毁。孩子的心智永远是那样单纯的。

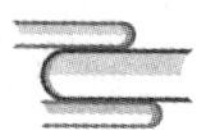

当时的我，立刻就伸手用力把父亲的白头发扯下，以为这样就可以让父亲恢复心中神圣的地位，依然是自己仰望的伟大的父亲。

然后我与父亲约定："以后的白头发我都会帮你拔掉的，不会让你变老。"父亲微微一笑，应允。

待到多年后的现在，当父亲轻描淡写地讲述此事的时候，父亲的头发已经花白，腰也不像从前那般笔直，已经不再能轻松地拔掉所有的白头发，只好不可避免地接受人世间的自然规律。

时光慢慢老去，父亲的臂膀不再坚挺，额头上的皱纹也越来越多，筷子兄弟曾这样唱道："时光时光慢些吧，不要再让你再变老了，我愿用我一切，换你岁月长留……"父亲已经悄悄地老去，只能回望，想起那个他最爱的小孩子幼稚地说，要帮他去掉所有年老的象征，保持仰望的虔诚。

年少轻狂，父亲是包容的山

年少时候，我是一个叛逆的孩子。长辈叫我前往东边，我偏偏走向西边，永远认为自己才是对的，不愿意听从别人的一丝一毫意见。

那时候的父亲，开始莫名地唠叨起来：学习要认真，放学别瞎逛，周末多在家。而我却只是摆出一副的厌烦表情，然后一意孤行，不改言行，只觉得父亲突然就变得如此啰唆、如此不解人意。

然后泡网吧，打游戏，早恋……更多的问题接踵而来。

父亲终于按捺不住，在一次发现了我泡网吧之后，将我带回家中扇了我两巴

掌。我只是愕然地看了父亲一眼，扔下一句狠话，跑出了家门。

我躲在同学家中一天，最终还是无奈地回家，回到家中看见的是父亲熬红了的双眼。父亲轻轻地对我说，以后自己长进点，我不管了。

之后，父亲果然变回以往的沉默寡言，不再过多谴责我的行为。

等到后来回想起那段轻狂岁月，以男人的眼光再次审视父亲那时候的心情，才体会到那时候一个中年男人的悲怆和无奈。到最后依然相信自己一生最爱的小男孩，能自我反省、自我改变，那该有多大的勇气和胸怀！

十字路口，父亲是依靠的山

我是一个中专报送生，没有经历高考的洗礼，考研简直不敢去想，更不敢去尝试。

父亲在我徘徊到底该试不试的时候，说出了一句令我至今仍然记忆深刻的话："儿子，我最信任的就是你。考不上，我还有几亩地留给你。"那时候考的就是心理。就是那句话，让我瞬间就不再畏惧。然后平平淡淡，经过了考试、复试，而且，考研成绩没有让父亲说的后半句话实现。

记得在接到了录取通知书之后的第二个夜晚，父亲叫上我，骑着摩托车带我到河堤。五月的河堤凉风习习，天空中爽朗的星星显得分外柔情。父亲拿出啤酒、花生还有一些零食，与我坐在草地上，开始了一生难忘的父子谈话。

原来父亲一直记得，记得刚学会走路的我，居然自己撕破蚊帐撒尿的尴尬；记得小学一年级时候，我在户外活动中擅自回家，结果他和老师满城镇地找，最后发现我已经平安抵达家中，正对着新买的小尺寸彩色电视看动画片……然后父亲说起，其实那时候拔掉他的白头发痛得他龇牙咧嘴；其实那次我离家出走之后他依然会关注我的行动，只是从来没有明说；其实我的那次考研他紧张得一直和其他家长一起等待我走出考场……那天晚上是我

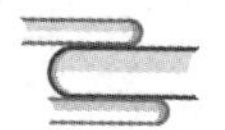

和父亲最放肆喝酒的晚上。最后父亲说了一句："从今以后，你是成人了。以后要脱离我，好好地学习、工作，然后结婚生子了。"然后，我们就是沉默……渐渐地度过了这样一个永生难忘的喝酒的夜晚。

往日的情景，由彩色渐渐被岁月褪色为黑白。回忆永远最美，但是千万不能当人和事物变成了回忆时才懊悔。

父亲就是山一样的存在，供你仰望，给你包容，借你依靠，而子女总有一天长大成人，要离开父亲自由飞翔。父亲也就随着岁月逐渐剥落曾经给子女呈现的辉煌形象，变得头发斑白，腰板弯曲，腿脚不便。

给他只言片语的问候，给他一通平淡的电话，即使没有深情的"我爱你"、没有贵重的礼物，他们也能感受到子女给他们的温情，起码他们知道，他们没有被子女的冷漠遗忘。

注　此文获国网山西省电力公司"我的父亲母亲"征文三等奖

国网朔州供电公司

赵晨宇

母亲的腰伤

在我的记忆中，母亲的腰受过三次伤，这种记忆是深刻的、令人心痛的。

母亲的腰第一次受伤是我小学三年级的时候，那时我家住的是平房、睡的是土炕。记得那天是“六·一”儿童节前夜，我兴奋得不行，在炕上蹦来蹦去，不小心一个趔趄跌下炕沿，恰时母亲正蹲在地下洗刷锅碗，我不偏不倚整个人重重地砸落在母亲的背上，随后又滚落地下，连惊带痛紧接着就哇哇大哭起来。母亲回过头来发愣了好一阵才回过神来，忙着扶起我来检查有无受伤，反复仔细看过问过之后才长吁了一口气，这一吁不要

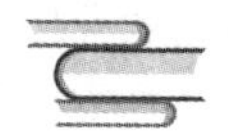

紧，她岔气了，说觉得自己腰好疼。母亲扶着炕沿趴了很长时间，才慢慢直起腰来。

我也被吓得住了哭声，傻站在那里。母亲说了声没事儿，安顿好我又接着洗碗去了。后来父亲告诉我说："你妈的腰救了你一命，你小子福大命大，就是你妈的腰疼了两个多月，从此落下了病根。"

后来母亲一搬提重物腰就犯痛，懂事后也懂得了内疚，家里遇上搬重物的活儿我总是抢在前面，而母亲又总是嘱咐我小心点，千万别闪了腰。

我心怀愧疚，心疼母亲，母亲也心疼她的母亲，也就是我的姥姥，尤其是在姥姥晚年生活不能完全自理时，母亲更是向单位请了长假，也顾不得帮我和妻子带孩子了，一门心思地去怀仁伺候起了姥姥。一次姥姥喊她，她起得急，走得也急，不小心滑倒了，一个后仰，腰部重重地撞在了茶几的棱角上，母亲硬憋了一口气没喊出疼来，挣扎着站了起来，还装作没事人来到姥姥床前听候差遣。

就这样一连好几年，母亲一直拖着疼痛的腰身照顾着姥姥，直至姥姥去世也没顾得去医院拍个片子检查一下。也许是身心的疲惫和心情的悲痛让母亲忘记了腰伤，在姥姥走了的那几个月里，母亲很少出门，常常在家以泪洗面。

直至母亲的腰第三次受伤，才想起去医院检查一下。那是姥姥走了的第二年清明她去给姥姥上坟，母亲是个过日子的人，返程时还拉回了她在姥姥生前为姥姥买的几件家用电器，要不是这几件旧家电，母亲也许会坐火车回来，结果是搭了亲友的车回来，亲友开的是一辆破旧的 130 货车，一路颠簸，而一个深坑的剧烈振动让她的腰再次受伤。我陪母亲去医院做了 CT，医生告我说："老人是腰椎严重挫伤，腰椎原本就有旧伤，长好的地方又有了裂缝，要平躺着休养，否则有瘫痪的危险，原来的旧伤就是这种情况，没来就诊是个错误，幸亏运气好，自身愈合得还算不错，这次旧伤加新伤情况更严重，以后一定要千万注意加小心。”我惊出一身冷汗，望着瘦小纤弱、日渐驼背的母亲，我懊悔不已、自责不已，悔恨自己对母亲的关心不够，责怪自己没能够好好地照顾母亲。

在以后的日子里，我想，我应该尽量多学着干家务活，悉心照料保护好母亲，不能让母亲再受到一丁点儿伤害了。

注 此文获国网山西省电力公司“我的父亲母亲”征文三等奖

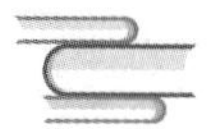

国网山西送变电公司

杜　璇

我　与　父　亲

一个月前的父亲节，我怀着忐忑的心情给父亲买了件极为“清新”的短袖，浅蓝色打底，配有白色压纹装饰，由于怕他不喜欢，还和店员反复讲好退换问题。然而，出乎意料的是，父亲很是喜爱，说就喜欢这样“亮气”的颜色，感觉自己年轻了好多。一时之间，让我们全家人大跌眼镜。

一直以来，父亲在家中都是不苟言笑的代名词，父亲最看重的两件事情是：一丝不苟地工作和井然有序的家庭。西方式的与子女朋友般的相处模式，在他这里毫无用处，他推崇长幼有序的

家庭关系，为人父母要持有姿态、为人子女要听从教诲，虽不至于要“棍棒底下出孝子”，但该严时必须严起来。在我 14 岁之前，我一有什么风吹草动、离经叛道，父亲基本上用一个眼神就可以把我镇压住。

父亲极为看重一些中国传统的“细枝末节”，我小时候用筷子夹菜时，不知为何，老是小拇指翘着，怎么说也改不掉，父亲竟然想出一个招，吃饭时，用红色毛线绳把我的小拇指和无名指扎在一起，一翘小拇指，筷子就握不住了。开始时，吃一顿饭我的筷子能掉四五次，夹不住饭菜，自然影响吃饭的心情，就干脆不吃菜，闷头吃米饭。有时母亲看不下去了，就会一边往我碗里夹菜，一边和父亲交谈：“就这么一个小毛病，也不碍事的，这样弄得她都不能好好吃饭了。”父亲也不吭气，但每次吃饭的时候，都会不厌其烦地将我的手指扎起来，说来也怪，屡说不改的毛病，在扎毛线绳二十多天后，竟然好了，为此，父亲得意了好一阵子。

上初中的时候，我有段时间沉迷看小说。出校门一拐有家借书店，压 10 元钱，每天 2 角借书费，种类繁多，更新也快。为了用有限的“资金”看“无限”的小说，稍微有个空隙我就埋头看书，写作业也是草草了事，日积月累，学习成绩直线下降。父亲知道缘由后，大为愤怒，觉得一向乖巧的我，竟然如此“不务正业”，自然少不了一顿严厉的训导。刚开始确实取得成效，但很快他发现我开始搞起了“地下工作”，从原来的在台灯下阅读，转为在手电筒下偷看，不仅成绩没上去，反而把视力降下来了。那时他才发现，女儿已经不是当初他一个眼神就可以镇压住的了。第一次，父亲与我面对面进行了“谈判”，最后我们达成共识，每天要认真完成布置的作业，一周看课外书的时间必须按规定时间来，且附加了一个极为诱惑的条件：如果特别好的书，且适合我阅读，可视情况购买。

由于工作原因，父亲常年出差，但在我成长的重要时刻他从未缺席。第一次上学，父亲目送我进了校门，后来他告诉我，他担心我被欺负，一直等

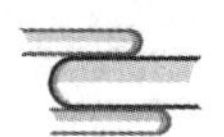

到我中午放学；第一次军训，父亲嫌弃我打包行李太乱，非要重新给我打包行李，结果多塞了好多东西；离家求学时候，遇到挫折，怕母亲担心，总是求助父亲的安慰，总觉得父亲无坚不摧，后来才知道父亲接完我的电话后彻夜难眠……

喜欢那句话：你陪我长大，我陪你变老。这应该是对亲情最好的诠释。父亲一生最看重两件事：好好地工作，美满的家庭。我想将它们传承下去。

注　此文获国网山西省电力公司“我的父亲母亲”征文三等奖

国网大同供电公司

库　磊

弯弯的脊梁

时光如梭，岁月无痕。不觉间，父亲已经陪伴了我30个年头。曾多次有过笔叙父亲的冲动，但每每举起笔来，无不感觉心情凝重，纷乱的心情让握笔之手也异常笨拙。

长兄如父

我出生的时候父亲已经33岁，他小时候的故事都是从奶奶的“古记”里听来的。父亲兄妹六人，作为家里长子的他自小就弯下脊梁，默默承载着家里的重担。1960年的时候，爷爷在外地工作，奶奶每天要去农业社劳动，出去干一天活能挣两个黍子面窝窝，偶尔还会有一碗掺和着土豆丝的莜面稀饭，家里三口人就依靠奶奶挣的这点口粮生活。奶奶说，两个窝窝自己吃一个，给父亲和大姑分着吃一个，父亲和大姑把稀饭喝完以后把碗一舔就算一顿饭。那时候父亲营养不良，全身上下就

剩下了一个大脑袋。

二叔说，小时候的父亲就很“聪明”，每每奶奶出去劳作让父亲在家里看二叔，父亲就把他抱在村后山沟沟里，挖一个二叔爬不出去的坑把他放进去，他就可以“放心”去玩儿了。因为在村后边，二叔哭也不会有人听见，好多次都是哭累就睡着了。不过二叔似乎并不计较，反而总是跟我说，他很感激父亲，因为他的命是父亲捡来的。有一次二叔生病，半夜里高烧一直哭，还说胡话。奶奶还要照看其他孩子走不开，17 岁的父亲推着二轮小平车赶了十三里的夜路带着二叔进镇里找赤脚医生。那时候交通和医疗水平都很差，辛辛苦苦买回来的退烧药喝了也不见效，反反复复父亲折腾了好几趟。二叔说，迷迷糊糊中他也不记得父亲推着他走了多远，只是记得就这样颠颠簸簸捡回来一条命。

那时候家里每年能分到大概四斤麦子，能磨三斤半细粮，这点细粮一般留在八月十五和过年时候吃饺子用。记得有一年快要过年了，奶奶打了点糨糊准备糊窗户，出去上厕所的功夫，一碗糨糊就被父亲带头分给兄妹几个吃了个精光，奶奶一边打他一边抹眼泪。

父爱深沉

父亲是一名老电力工人，1971 年 5 月 21 日参加工作，那时候的右玉供电公司仅有一台 200 千瓦的发电机，所以在县当地被称右玉县地方国营发电厂。1980 年随着哥哥的出生，父亲还上调了一级工资，乐得脸上开了花。妈妈奶水不足，哥哥一沾牛奶就哭，这可急坏了父亲，奶奶建议父亲买奶山羊，一并把哥哥也送回乡下奶奶来带。父亲打听到卖家，自己去赶羊。路上下起雨来，父亲害怕奶山羊淋了雨影响产奶，就把外套脱下来给山羊披在背上，自己却感冒高烧了好几天。

父亲说我从小就嘴馋，把红糖放在我的嘴边，小嘴嘟起来嘬得嗞嗞响。

妈妈依然奶水不足，父亲看我吃着母乳快睡着的时候，把装着牛奶的奶瓶嘴偷偷塞到我嘴里，我就会立马醒来并大哭不止，我的挑食打那时候起就显露出来。

高考结束以后，我的成绩离分数线差了几分。等待降分的那一周，我闷声闷气，父亲看在眼里急在心里，满嘴水泡。后来我被录取的消息告诉了父亲，他久违的笑容让不懂事的我愧疚了好久。开学父亲送我去车站，汽车启动离开的刹那，透过那弯弯的脊梁，我看到父亲在抹眼泪。

坚强的父亲

2015 年年底，一向硬朗的父亲打电话说嗓子不舒服，感觉吞咽时有疼痛感。2016 年 1 月 26 日，父亲被安排全麻做活体切片检查手术。2 月 1 日上午九点，当医生告诉我父亲被确诊为舌根鳞状细胞癌的那一刻，我感觉整个世界崩塌了。从医生办公室出来，我没能忍得住肆意而出的眼泪。我不愿意接受这个事实，虽然它已经端端的摆在我眼前，我擦干眼泪佯装坚强。

经过专家反复会诊，病灶部位不适宜开刀，采取保守疗法。2 月 4 日，父亲转院来到北京大学肿瘤医院继续治疗。治疗方案确定下来，预计需要 3 次化疗、33 次放疗。

2 月 7 日，本该在家团聚的一家人举家赶到了北京，与父亲度过了不一样的除夕夜。吃完年夜饭回病房的时候，父亲背着孙女儿、哥哥背着女儿，妈妈、嫂子和我走在后面，看着前面两位“父亲”的背影，我突然感觉到，那弯弯的脊梁后面，就是他的全世界。

治疗期间，我和哥哥轮班陪护。陪床的日子父亲曾对我说，以前的我总是忙于工作，你们兄弟俩从上学到工作，时间上很少有这么长的交集，这段时间跟你们一直待在一起，这病生的我觉得挺幸福。我心里顿时有种说不出

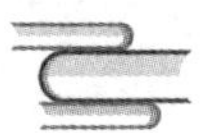

的滋味。

两次化疗和十三次放疗后，所有的副作用全部显露出来了，父亲每天早上都偷偷把枕巾拿到走廊里抖啊抖，生怕我看到脱落的头发。后脑勺和脖子这些放疗区域的皮肤全部变黑变硬，胡子也停止生长；嘴张到最大都放不进去筷子，进食困难，不能说话；味觉和嗅觉全部消失，父亲开始厌食，体重急剧下降，情绪也跟着烦躁起来。在病魔面前，父亲没有退缩，凭着坚韧的毅力坚持到了最后。治疗结束，哥哥开车来接父亲回家，父亲高兴得像个刚刚放学的孩子。

心里的话

父亲是一个乐观勤快的人，从小拮据的生活环境给了父亲很多磨难，虽然经历了生活的艰辛与各种苦难，但是他从不悲观。他的话语不多，却一直用实际行动教育我们哥俩要善良有爱、谦和温良，要用自己的绵薄之力去关爱需要温暖的人。父亲那正直善良、简朴简约的家风教会我做人勤奋进取、博爱担当，教会我做事要像他面对病魔般的坚强，也为我的成长注入力量。

树欲静而风不止，子欲养而亲不待。突然间我开始感到害怕，我害怕他一走，我这儿子也就做到头了。现在，我开始珍惜跟他在一起的时光，跟他在一起聊他的小时候、聊我的小时候。我就想趁着他还能跟我聊，多知道一些关于他的事情。我知道，即使我再拼命攥紧，时间的沙漏也会在指缝间漏掉一些东西，但是，总会好过我两手空空。不过幸好在我懂得珍惜的时候，他还在。小时候的我讨厌背诵课文，现在重读朱自清先生的《背影》却会泪流满面。

父爱深深深几许？且以陪伴且珍惜。

注 此文获国网山西省电力公司“我的父亲母亲”征文三等奖

国网大同供电公司

雷　婕

换种方式继续爱你

2016年6月19日，又是一个父亲节。话到嘴边却不知怎么开口，还是像往常一样，没有华丽的辞藻、没有浪漫的惊喜，呈现给您的唯有陪伴和热饭。

“茫茫人海中，怕你找不到我，只想以这种方式告诉你，父亲依然如故地在这里等你……”

儿时记忆中，父亲离我特别近，就像一个大男孩陪伴我成长。每当下课铃响起，我都迅速收拾好书包冲向门口，因为我知道守候在校门口的第一人永远是父亲。父亲身材瘦小，站在人群中总是被淹没，为了让我一跨出教室门就能找到他，他总是提前一个小时就守候在那里，牵起我的小手，有说有笑地走回家。就这样，父亲一如既往地站了六年。带我挑衣服，陪我玩泥巴，一起堆雪人……似乎我童年每一个快乐的瞬间都有父亲的参与，陪伴我成长。

“以前总以为鸟飞不过沧海，是因为没有飞过去的勇气；现在才发现，不是他没有勇气，而是沧海的那一头早已没有了等待。有些路，只能一个人走。”

时光荏苒，一切都在悄然间发生了变化，忙碌的父亲开始了两点一线的生活：家和单位。我也被繁重的课业压力搞得焦头烂额，每天一家人相遇得行色匆匆，连坐下来交流的时间也是微乎其微，自然与父亲的相处变得生疏起来，每次回家我都会说：“妈，我回来了。”如果母亲不在时，我会问父亲：“我妈呢？”不知从什么时候开始，我害怕直视父亲的眼睛，因为我不知道该说什么、做什么才能缓解气氛的尴尬，我和父亲之间再也没有了直接的交流，感觉父亲已不再是我一个人的父亲，而是全家的父亲。直到高二那年，让我开始重新认识我的父亲。一次淋浴时，爷爷晕倒在浴室里，急忙送到医院检查出心梗，得知这个消息，我的眼泪一直不停地往下流，可是父亲丝毫没有停留，转身拜托医生坚持治疗，就这样父亲没日没夜地陪护在爷爷身旁，双鬓熬出了许多白发，面庞也憔悴了许多，尽管这样也没能挽回爷爷。人在最后一刻，纵然是离开，也总是撑着一口气，见上一面自己最牵挂的人，我哪知道，爱到深处是不忍。“我的父亲离开了……”那一天，父亲哭了，哭得很伤心，模糊中我看到原来父亲也有脆弱的一面，他也是一个需要人疼的孩子，只是在不同的背景下他承担起肩上的责任。

偶然在杂志中读到龙应台的《目送》，深深地为之感动：“我慢慢地，慢慢地了解到，所谓父女母子一场，只不过意味着，你和他的缘分就是今生今世不断地在目送他的背影

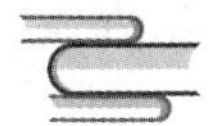

渐行渐远，你站在小路的这一端，看着他逐渐消失在小路转弯的地方，而且，他用背影告诉你：不必追。”记得在离家求学时，每周都会打电话给家里报平安，父亲依然如故，拿起手机犹豫片刻后又默默地交给了母亲，然后让母亲打开免提，在一旁听听我的声音就好。

慢慢地我也明白了，父亲对我的疼爱从未削减过，而是随着时间的积累慢慢沉淀，同沉香般低调静雅；唯一不同的就是转变了爱的方式：多一点隐在的关怀，少一点显在的表达。

注　此文获国网山西省电力公司“我的父亲母亲”征文三等奖

国网大同供电公司

李建辉

父亲的背影

“想想您的背影，我感受了坚韧；抚摸您的双手，我摸到了艰辛。”每当听到刘和刚这首脍炙人口的《父亲》时，我的眼前就会浮现出父亲的背影。

听到这首歌，作为父亲，我感同身受。儿子远在外地工作，孩子长大越走越远，留给我的只有一个背影；作为儿子，我曾经看到当我离开家的时候父亲的背影，可是，当这个背影走向岁月深处时，我突然发现，这个背影已经是越来越弯。

父亲是名军人，性格耿直，坚持原则，在我的记忆里，父亲从没往家里拿过一件公家的东西，哪怕是一瓶墨水、

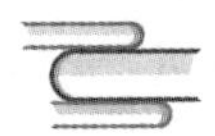

一个信封、一张信纸，都是他在军人服务社购买的。用他自己的话说：“我拿公家的东西发财，对不起一个村出来的战友。”1948 年，和父亲一起当兵的 10 多名战友还没有换上军装，就在解放朔州的战役中牺牲了 3 个，之后经历了集宁战役、抗美援朝，现在健在的就父亲自己了。

世间的爱，就是这样温情而有趣地循环着。记得小时候我跟在父亲的身后，父亲总是嘱咐我：别走远。如今，我和父亲一起出门，他不习惯我挽着他的胳膊，总是默默地跟在我的身后。那次，我走出去很远，忽然发现父亲没跟着，急得我连忙往回找。结果看到父亲正在一群人里面聚精会神地观看着人们下象棋，高兴地和人们交流棋术。那一刻我是又急又气，很想朝父亲发火，数落他一番，但当我瞧见父亲散着满头的白发、堆满皱纹的脸庞和站在风中清瘦得越发驼得厉害的背影时，一股心酸的感觉悄然袭上心头——最爱我的父亲，老了！

我轻轻走过去，站在父亲身后，慢慢地等着，静静地体会一个父亲的心情，直到父亲察觉后像做错事似地冲我一笑。那一刻我明白，就是天塌下来，他的儿子也会为他挺起脊梁。

父亲像小时候我依赖他一样，越来越依赖我。我常常告诉父亲，不要轻信保健广告，不要为省钱而委屈自己……父亲都记得牢牢的，而且一字不差地说给母亲。我从母亲那里听到自己说的话，每每这时我会涌起一股自豪感，觉得自己就像一棵挺拔茂盛的大树，在大树下我注视着父亲的背影，告诉父亲我是你的依靠，正像小时候父亲是的我依靠一样。

注　此文获国网山西省电力公司“我的父亲母亲”征文三等奖

国网大同供电公司

杨　洁

幸福是因为有你陪伴

父亲给予我的，是太多太多深沉的关怀、太多太多默默的疼爱，虽然没有母爱那样直接，却一样令人感动不已。长大后，离家远了，走在城市冰冷的街道，我的脸上依旧洋溢着灿烂的微笑，那是因为我的内心充满了幸福感。

幸福感是小时候父亲用硬硬的胡茬儿扎我脸的时候，又疼又痒，引我咯咯发笑；幸福感是我坐在父亲的自行车上，高喊着“冲啊”的时候，我们父女俩在阳光下灿烂的微笑；幸福感是父亲带我去商店，我迅速走到柜台前，指着里面的各种巧克力，嘴里念叨着：“我要这个、那个，还

有……”父亲很爽快地付钱，把巧克力递到我手里。

儿时的记忆若隐若现，总让我浮想联翩，难以忘怀。15 岁那年，期中考试结束，我的物理成绩竟然不及格。晚上，哥哥正在帮我分析试卷，不料父亲回家后看见了那个惨不忍睹的分数，挥手将它从我手里夺过来扔到了地上，我气冲冲地喊：“凭什么扔我的卷子？平时也没见你帮我复习过功课……”一巴掌落在我的脸上，火辣辣地疼。那是我生平第一次挨打，我捂着脸哭着跑回自己房间。之后几天，我们互不理睬。

父亲不懂得怎样表达爱，或许他已经表达了……那些日子，工作忙碌的他经常买些我喜欢吃的东西放在厨房，然后一声不吭地做自己的事；我偷偷地跑去看他，泪水不知不觉地模糊了眼睛。

清晰地记得，刚参加工作那年，公司通知我去济南培训，父亲执意要为我送行。夏日炎炎，整个候车厅像蒸笼一样，热得让人喘不过气来。我和父亲拖着重重的行李箱站在长长的队伍中，看着父亲额头上的汗珠滑进深深的皱纹里，然后顺着脸颊流下，我的心里酸酸的，“爸爸，您回吧。”“不着急，等你上车我再走。参加工作和上学不一样，身边处处是老师，你不仅要向他们学习工作技能，还要学人家的待人接物，言谈举止。遇到自己解决不了的事情告诉爸爸，咱们一起想办法，办法总比困难多，爸爸永远是你坚强的后盾。”当列车远去看不到父亲的身影时，我的眼泪不住地流下，再也顾不得他人的目光，放声哭泣。

2014 年，我也当了妈妈，真正体会到了初为人母的幸福与辛苦，也真真切切地感受到了做父母的不容易。每天无休止的重复劳动，当喂奶、洗尿布、洗澡、换衣服，这些看似简单的事情接踵而来的时候，我才发现当父母并不像我想象中的那样简单。心甘情愿为孩子提供 24 小时全方位、不间断的服务，每次孩子哭声响起，我就像听到冲锋号的战士，迅速跑到小家伙跟前，解决他吃喝拉撒睡各种难题。别说从前自由自在的生活，就是连睡一个整夜觉都是奢望。“养儿方知父母恩”，一次饭后跟父亲闲聊，“爸爸，拉孩子太辛苦了，真不知道你和我妈是怎么过来的？”“抚养孩子是不容易，你现在这点付出根本不算什么，以后孩子的培养和教育才是一项重大工程。不过，我觉得养育你们兄妹带给我的快乐，远远超出了我为你们所付出的。”父亲的话又一次让泪水充盈了我的眼眶。是父亲这么多年的默默庇护，让我在成长的岁月里避过了许多波澜与暗礁；是父亲这么多年的悉心教导，让我在青春的日子里创造了许多辉煌与骄傲；是父亲这么多年无悔的付出，让我在人生的道路上变得坚强、豁达，变得更加富有责任感。

有位作家说：“世界上最爱你的男人莫过于父亲，爱情的泡沫总是易碎的，没事的时候多陪陪那历经岁月沧桑的父亲。”年少时，读不懂父亲的付出，也不明白父亲的苦心，只是把父爱当作一种取之不尽用之不竭的甘霖，在需要的时候，尽情吮吸。父爱，源于习惯而不被察觉，因为早已融入生命；父爱，源于关切而忽略语气，因为子女高于世界；父爱，源于期望而语重心长，因为幼鹰终要独自飞翔。春风吹，夏花开，秋叶落，冬雪舞，春夏秋冬，父爱只增不减，不论身处何方，都温暖身旁，幸福永远。

注 此文获国网山西省电力公司“我的父亲母亲”征文三等奖

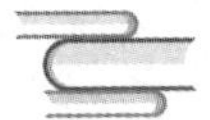

国网吕梁供电公司

郝　阳

老 树 新 芽

那天在家吃过晚饭，在院子里闲庭信步地晃荡时，我的注意力突然被长在院子里的枣树吸引了。

那是一棵垂垂老矣的枣树，风霜的刻痕布满了它的身骨，一节节粗壮怪异的凸起，就像一个鼓足气力的男子青筋暴起，奋力地想要举起自己的身子。我的心忽地酸了一下。

我是疼爱这棵树的。在我还没有出生的时候它就守候在院子里，从一棵幼小的树苗长到那么高大，我依旧记得它年轻时候的样子。在每个春天来临的日子，它长出嫩绿的树叶，我和小伙伴们围在树下，又或者爬在树干上，轻轻地拽过来枣叶，贪婪地舔舐着枣花上甜甜的蜜，畅想着秋天到来吃到红红的枣子。夏天的夜晚，我和爸爸妈妈躺在树下，望着浩瀚的星空，我会不厌其烦地数着天上的星星，微风习习，这棵枣树就像看着自己的孩子，凝望着它不为人理解的快乐，时而沉默，时而微微摇头。收获的季节里，老树虽然不可避免地被竹竿敲打着交出自己孕育了大半年的果实，但是我似乎能明白它如释重负的心情，收获完枣子的老树身躯似乎比平日更挺拔了。冬天的老树，干瘦且沉默，刚喘过气的它在寒冷中继续储蓄着来年迸发的力量。

一天天，一年年。

它老了。

我的父亲，也老了。

老树和他一起陪着我长大。岁月的磨砺在父亲脸上留下愈来愈多的痕迹，头发渐渐灰白，后背也不再那么挺拔，一如那棵树，一如这些年。

是的，我也疼爱我沉默少语的父亲。

小时候，父亲给我的爱，是骑在他并不厚实的肩膀上穿过人群，是每个我不肯睡觉的夜晚给我讲他小时候的故事，是每一次生病背着我跑来跑去，是每一次犯错后严厉中透着鼓励的目光。童年的岁月总是充满快乐与欢笑。

后来，因为村子里教学条件差，我离开了爸妈外出读书。那时的我才 11 岁，在那所寄宿制的学校里，我是年龄最小的那一个。爸爸妈妈第一次来看我的那天，给我带来了一双鞋，那是我人生的第一双需要系鞋带的鞋子。他们满心欢喜地看着我，却没有等到我的欢笑。我的泪水扑簌簌地掉了下来，我告诉他们：我不会系鞋带，我不要这双鞋子，你们不要走，我不会系鞋带。

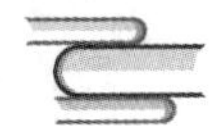

时至今日，我早已模糊了当时爸妈的神情，但我记得在那盏昏黄的白炽灯下，父亲蹲下了他的身子，一遍遍地，手把手地教我系鞋带。一次不会，再来一次。那天所有的记忆都是眼泪掺杂着父亲的汗水。最后，我终于勉强学会了系鞋带，爸爸妈妈交代了几句之后就走了。我含着眼泪站在宿舍门口，看着他们渐渐远去的身影，再没回头。

也许一回头，再也止不住心疼和不舍的眼泪；也许一回头，就再也舍不得让我离开他们身边。后来我渐渐明白，最大的爱不是陪伴，而是就算心痛滴血也要咬牙坚持让我更好地成长。

父亲是个不善表达的人，他从来没有和我谈过心，也从来没说过“好儿子你最棒”这样的言语，可我能清晰地感觉到我是他的骄傲。每每和别人谈起我，他的脸庞总是洋溢着自豪与骄傲。他从来没说过累，我的家里还有弟弟妹妹，沉重的经济负担压弯了他的脊背，可他从来都只有一句话：“你们只管好好读书，家里的事不用你们操心。”如果剧本就这样安稳地走下去，我想，我的父亲也不会这么快地衰老。

我实在不愿意回忆那几年，尽管于我个人而言那是我的学业志得意满，乘风破浪的日子，可那依旧是让我难以回望的岁月。

那真的是流年不利的几年，弟弟生了很严重的病以至于现在都离不开药物，父亲的生意也渐渐衰败，在我高考前的那些天，一直保守治疗的阑尾炎再也不能压制地爆发了，最后只能通过做手术来解决。躺在病床上的我看到了父亲脸上的愤恨和痛苦，他最骄傲和最疼爱的孩子遭受莫大的打击，也直到那个时候，我才在父亲的眼神里明白了什么是责任和担当。我清醒地认识到从今以后再也不能只管着读书却对家里的情况不闻不问了，我是家里的一分子，我有不可推卸的责任，为了让爸爸不再这么劳累和辛酸，一定要快些长大。

那一年高考很顺利，走出考场的我和爸爸击掌庆祝，我告诉他：上一本没问题，回家等通知书吧。我记得爸爸很开心，因为我是村里第一个应届考上一本的孩子，我的年龄还要比别人小。从哪个角度来说，我都无可争议地成为了他的骄傲。然而这份喜悦并没有持续多久，通知书到手那天，父亲就出事了。

当我开心地捧着通知书回到家时，家里已经乱成一团了，妈妈手忙脚乱地打电话求助我们的亲戚朋友，姑姑、姑父、外公、外婆也都来到家里，外面的狂风暴雨，彻底浇透了我的心。

具体的过程我不愿意再回想，总之那一年我对未来的诸多美好都因为父亲的意外而支离破碎，没了父亲的家顿时少了一种力量，那种力量在父亲在的时候弥漫在空气里，我们却不知不觉；当他离开后，赫然发现原来生活是如此艰难，我那瘦小的母亲已经无力维持这个风雨飘摇的家了。

那年，爸爸妈妈没有送我去大学，我带着行李，沉默地坐在车上来到了学校，考上大学的我一点都不开心，我的大脑里完全充斥着对爸爸的担心、对家的担心。

临走的时候，我把录取通知书复印了两份留在家里，我告诉妈妈，通知书原件我要拿到学校不能留下，我爸回家以后，一定要第一时间让他看到我复印的通知书，让他高兴高兴；还有一份是留给奶奶的，她直到离世都想看我考上大学。

所有那些看似过不去的日子，如今都已成为回忆，父亲最终还是平安无事了，我的家也得以重新起航。我还记得开始记事那年我问爸爸你多少岁了，爸爸笑着说我今年 34 岁。到如今，16 年都过去了，当初那个意气风发的父亲已经到了知天命的年龄，他的头发不再乌黑、他的身型不再挺拔，他的皱纹越来越多，他总是会在饭后躺在沙发上长吁短叹地说好累啊，他总是与我商讨该找一个什么样的媳妇儿回家。我总是会说，“爸，我还小，不着急的。”

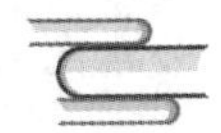

曾经任性地想做一个北漂，听着“外面的世界很精彩，外面的世界很无奈”，在城市的某个角落忙忙碌碌地生活，可是一想到用一己之力撑起整个家的父亲，再多的雄心壮志都变成了奢侈，梦想的实现需要足够的资本，任性要付出庞大的代价。而我已经在父亲身上攫取了太多太多，不能再要求父亲来支撑我那个不切实际的梦了，所以我决定上班，最终很幸运很幸运地得到了一份不错的工作。如今我真正地的承担起了属于我的那一份责任，我不再向父亲讨要生活费，甚至还能偶尔给家里一些补贴，我很知足也很感谢我所拥有的这一切，是坎坷，是荣耀，是父亲无怨无悔的付出，成就了今天的我。

那天晚上，我被院子里的老树吸引了，它遒劲的身躯、它极尽伸展的树枝，都感动着我。在那棵树的树腰，我看到了一棵嫩芽，仿佛枯木逢春，充满了蓬勃而出的朝气与希望。我知道，从今往后，我将是父亲身上的那颗嫩芽。

爸爸，祝你节日快乐！

注　此文获国网山西省电力公司“我的父亲母亲”征文三等奖

国网晋中供电公司

耿瑞芳

我和老爸的“争斗”

做老爸的女儿将近四十年了，与老爸的“争斗”总是接连不断地发生。

在我小的时候就听老爸说，我刚出生时，由于老妈奶水不足，老爸只能买当时给婴儿吃的“炼乳”来给我充饥。可是不管吃饱或者吃不饱，我总是要不停地哭闹，直到老爸把我抱在他坚实的臂膀里，伴着他自创的摇篮曲我才可以安然入睡。现在看来，这只是我与老爸“争斗”的开幕式——用哭来赢取胜利，虽然还是婴儿的我并不具备“想”的功能。

后来到了少儿时期，自

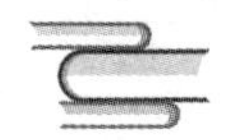

小贪吃的我总是想尽各种办法，让每月工资勉强只能维持基本生活的老爸给我买好吃的、好玩的。其实在那个物资并不充足的年代，能够勾引出我肚子里馋虫的“好吃吃”和好玩具并没有多少种，但老爸为了满足我的要求，总是加班加点地干活，为了挣现在看来少得的可怜的每天几分钱的“出班费”。每当我很享受地吃着美食的时候，并不知道老爸为满足我的“馋虫”而付出的艰辛。只知道，只要我要，老爸就会给。

之后，我参加了工作，组建了自己的家庭，有了自己的孩子。在我的孩子刚出生时，老爸那种兴高采烈的神情，成了我心中一道永恒的“风景”。都说隔代亲，但老爸对我儿子细致入微的照看，在我看来就是“溺爱”：只要我儿子一出门，不是让老爸抱着，就是要坐到他的脖子上；有什么好吃的东西只给我儿子一人吃；在我晚上酣然大睡的时候，老爸总是要不时地给我儿子盖被子，好像永远不知疲倦，就连我儿子吃饭也是习惯于老爸一口一口地喂着吃。我对老爸说，再这样下去，我的儿子会失去最基本的生活能力。为此，我俩的“争斗”频频发生。可每当战争之中看到老爸委屈的神情、看到爷孙俩嘻嘻可亲的场面，被称为“常胜将军”的我就不得不自认战败。

现在，由于我工作繁忙，老爸就自命职位成了我家的“后勤部长”，买菜、做饭、接送我儿子上下学等等烦琐的事情，老爸都要和我争着干。每当我让他歇一歇的时候，老爸总是说干活才能体现他的价值。可是我明白，老爸是想让我多歇一会。看到老爸花白的头发，我的鼻子总是酸酸的。都说父爱如山，可老爸给我的爱却是浩瀚的海……

注　此文获国网山西省电力公司“我的父亲母亲”征文三等奖

国网山西电力

冯李军

母亲的呼唤

它是温情岁月洗礼中最慈祥庄严的浓浓晨曦，是绚丽时光流逝中最和蔼温柔的潺潺溪流，是无私光阴冲刷中最纯厚真实的坚硬磐石，它就是母亲的呼唤，它让关爱的记忆铺满金色爱的质地。

但丁说："世界上有一种最美丽的声音，那便是母亲的呼唤。"

母亲的呼唤最早浮于我脑海形成影像的便是孩提时母亲第一次送我出远门。身处穷山沟里，人烟稀少，每日的鸟语虫鸣或许是那时最为喧闹的景象，母亲为让我从小就能受到良好教育，毅然决定送我到三四里之外的邻村留宿接受学前教育，当然在山沟里没有"学前"一说，也是后来到城里才知道有这样的叫法。一身儿童装中山服，显得我格外精神，背上是那年代最流行的皮革制的双肩背包，方方正正的，紫色的，印象很深，以至于到现在我对紫色都还是情有独钟，包里还装着几本姐姐用过的旧书，当时感觉自己已然成为电视中所说的要为祖国建设的花

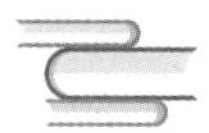

朵，幼稚中透露出些许神气。母亲送我到了村口，突然停住了脚步，她让我自己走到邻村。一瞬间不舍击破了神气，从未离开过母亲的我就像雏鹰坠入悬崖迟迟无法展翅一样，恐惧和无助。央求和泪水在母亲坚定的眼神下已毫无法力，无奈之下，我抽泣着出发了，小小的身躯在空无一人的村间小道上慢悠悠地挪动着，不时地驻足回望，生怕无法看到母亲的身影。到邻村的路要穿过一道山沟，走入山沟，这边，弯弯曲曲的羊肠小路一眼望不到边；那边，母亲的身影愈发模糊了，惧怕和未知笼罩着我，我止步了。这时远处传来了母亲的呼唤，“别害怕，咱是男孩子”，它是那样地温暖，那样地让我踏实和安全，呼唤声响彻了整个山谷，也一直伴随了我两年。是母亲的呼唤，给予了我坚强勇敢的意志，撑起了我人生的起步。

后来，母亲为了让我能接受先进教育，坚持陪我转学到城里念书。秋收将至，家人们都顾忌家中农活无人打理，可母亲狠下心决定奔波于两地。那是刚到城里小学的第一学期，母亲没能陪我多久就临近了秋收时节，母亲要徒步二三十里的山路回老家收庄稼。临走时，我与姐姐给母亲送行，这是我长那么大以来第一次送母亲，母亲这一回去要一两个月，一想到母亲要只身在家劳累的景象，一股酸楚油然而生。我一直送母亲到了县城的郊外，依依不舍地望着母亲单薄的背影渐行渐远，我初次感觉到了母亲的沧桑和艰辛留下的痕迹是那样地沉重，我的眼眶湿润了。母亲的身影快要被大山吞没了，这时，传来了母亲的呼唤：“要像大小孩，好好学习。”它是那样地真切、那样地让我感到身上的责任和重担。在母亲的呼唤声中，我第一次感觉到我的学业是全家人的希望。每每羡慕放

学后别的同学能小手拉着大手时，母亲的呼唤不时萦绕在我身边，陪伴我每日学习和生活。是母亲的呼唤，指引了我迈向成熟的道路，托起了我人生的转折。

再后来，我如愿考上了大学，拿到录取通知书的那一刻，母亲激动得流下了泪水，我深知这泪水中的辛酸和满足。步入大学校园时，父亲和母亲陪我到学校报到，这应该算是地理位置上真正意义上的出远门了。母亲帮我打点安置好一切后，就要回去了，在送母亲的路上，她是一万个不放心，唠叨着要我怎么照顾好自己、要我怎么与舍友相处等等，以往我总是感觉母亲的话语会很啰唆，可是在那一刻，我仔细地用心聆听，因为我知道母亲这样的话语会由于距离而越来越少的，我要享受这份珍贵的也是最贴心的叮嘱。母亲上了学校接送的大巴车，我能看出母亲的不舍，这跟以往母亲给我那种坚定的感觉很是不同。当母亲从车窗探出头时，那一瞬间我发现母亲有很多头发已经白了，母亲老了，我内心有种无法抑制的伤感要迸发出来，泪珠在当时的情景下显得那么饱满那么深厚，我还是尽力掩饰着，也是希望能让母亲更放心些。车启动了，我目送汽车愈行愈远，母亲的面容也越来越模糊，母亲呼唤到，“是真大人了，照顾好自己”，它是那样地熟悉、那样地温馨，曾经的大小孩真要成大人了。在母亲的呼唤声中，我真的感觉到自立已然成为我未来必走的路了。是母亲的呼唤，掠走了我曾经依赖的温床，让我扛起了人生的转折。

如今，已然成家立业的我，远离了家乡，奔波在外，每日忙于工作和家庭，让我稍觉劳累的同时，也深知自己身上扛的担子更加重了，电网调控运行看似规律实则无序的倒班工作让我总觉着空闲时间是要从指缝中才能挤出来的，自然与母亲的主动沟通也就少了许多。母亲在患过一场大病后，身体状况大不如前，但每日的电话她却始终规律地坚持着，电话里传来的寒暄声我也能听得出来要比以前微弱很多，虽然总是重复来重复去地

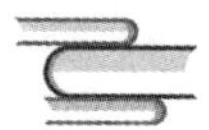

嘱咐：要明白身上担的责任，要做个尽职尽责的、被人认可的电网调控员，要注意身体、要照顾好家等等，但是我都要静静地听着和认真地应答着，容不得有半点敷衍，因为这是来自远方最为熟悉的母亲的呼唤，亲切如故，美丽依旧。

注　此文获国网山西省电力公司“我的父亲母亲”征文三等奖

国网吕梁供电公司

景秀兰

母亲那双手

母亲的手很厚实，沾满了泥土和草叶的汁水；又是那样地粗糙，粗粗的手指上经常缠满了胶布。手心的纹络间，残留着黄土的气息，因长期的农田劳作，手心里长满硬硬的老茧。手背的皮早已留下了岁月的痕迹。这便是母亲的手，一双平凡而伟大的手！

母亲上学时候，学习成绩优异。但由于那个时代家庭条件不好，母亲只好辍学回家。年轻的时候，母亲算村子里有文化的人，当过妇联主任，后来，嫁给父亲，父亲是民办教师，地里的农活就落在母亲身

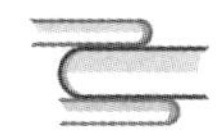

上。生下我们姊妹几个后，母亲在心里暗暗发誓，不能让她的孩子再走她的老路，一定要让她的孩子们跳出农村这个圈子，做一个有知识、对社会有益的人。

那时候，家里条件不好，但是母亲用她那双勤劳的双手，为我们撑起了一片天。记得小时候，我们姊妹几个经常在一觉睡醒后，看见在地里劳作了一天的母亲还在微弱的灯光下为我们做鞋子，那双灵巧的手是那样娴熟。透过灯光，我看到了母亲那高大的背影，那背影至今都烙在我的脑海里，那背影不逊色于朱自清笔下的背影、不逊色于高尔基笔下的背影。母亲的针线是“绝活”，每逢村里有人办喜事都请母亲去缝被子、缝衣服、绣花鞋垫、剪纸、做花，样样活母亲都很精通。母亲还会理发，经常为左邻右舍的孩子、大人义务理发，她那双灵巧的双手，在村里是出了名的。而今，我也当了孩子母亲，孩子的毛衣、毛裤都是母亲亲手织的。孩子穿出去后，逢人都夸，母亲有一双灵巧的手。

母亲是村里最能吃苦、最能干的，凭着母亲的勤劳，供养着我们姊妹几个上大学，并且生活也过得幸福安逸。每当村里人提到她的孩子们，母亲脸上总会露出久违的笑容。因为我知道，那是她一生的骄傲。此时此刻，我觉得母亲那双手像一辆小推车，把我们都推向了知识的海洋、推向了幸福的彼岸。是她培养我们成才，教会我们实实在在地做人、踏踏实实地做事。

如今，儿女相继长大成人，母亲年过花甲，而母亲那双手，为儿女操劳了大半辈子的手，也在岁月的流逝中留下了沟沟壑壑，印证着母亲为我们这个家、为她的孩子们倾注的心血，书写着她侍弄农桑的辛苦。

每当看到母亲那双干裂的如老树皮的手，我的眼泪就会夺眶而出；每当我遇到困难，悲观失望时，我总是会想起母亲的手，用灵魂去感触母亲当年的艰辛和自己现在的责任；每当生活中出现暗礁时，秉承真诚、善良的为人处世原则，是母亲的手引我驶向充满鲜花和友爱的港湾。母亲的手是一件不朽的杰作，具有震撼灵魂的力量，是一笔受益终生的精神财富，是催我奋进、不断完善自我的不竭动力。是这双手让我们感受到母爱的伟大。

注 此文获国网山西省电力公司“我的父亲母亲”征文三等奖

国网朔州供电公司

王静薇

苦尽甘来一生缘　相濡以沫六十载

我爱看有关父亲母亲的故事，无论是父母对儿女无私的爱，还是为了儿女如何饱尝艰辛，那里的每一个情节都有我自己父母的影子，都好像是我自己的怀念。我也特别喜欢赞美父母的词句，那些都是我的心声。

一直以来，很想为父母写点东西，却迟迟不能下笔。每次开篇之前，心底总如江海翻腾，一幅幅往昔岁月的画面在脑海交叠而出，然后总因理不清头绪而止。近日恰逢征文之机，理理思绪来写写我的父母。

父母于 1954 年 1 月 11 日（农历）结婚，至今已经携手走过 62 年有余。

父母这一段 62 年的生命之旅，绝不是一路坦途，其间有多少相聚离别，多少相依相随，多少磕磕绊绊，多少风风雨雨。

为了家，苦点累点不算啥

作为女儿，说到自己的父母，我觉得有说不完的话，但又不知从何说起。父亲是朔州供电公司退休职工，今年 83 周岁；母亲是家庭妇女，今年 78 周岁，今年是他们共同走过的第 62 个年头。我曾好奇地问母亲和父亲的婚姻，母亲说，17 岁那年经父母之命、媒妁之言，骑着一匹枣红马来到了王家，和长自己 5 岁的父亲拜堂成亲。婚后，父亲一家五口人的生活就落在父母肩上，家里唯一的经济来源就是父亲微薄的收入。由于当时父亲在乡下工作，母亲便承担起照顾这个家的责任。随着时间的推移和我们兄妹五人的出世，父母另立门户，但父母肩上的担子还是没有减轻，母亲说："这些年你爸忙于工作，妈是什么活都干过，种地、割草、收庄稼、送粪等，家务活也样样不能落下。"为了省钱，母亲自学裁缝，给家人亲手缝制所有衣服，日子虽苦，但母亲没有任何怨言，依旧将家里打理得井井有条。"毕竟是为了自己的家，苦点累点不算啥。"母亲说。直到后来父亲调回城里工作、哥哥到父亲所在单位当了工人，家里的生活才日渐好转。

我和你妈就是靠相互扶持、相互照顾、相互理解，才走到今天

父亲是 1952 年参加工作的老革命。从我记事起，他对工作认真负责，吃苦耐劳。在父亲爱的"天平"上，总是先工作、后家庭，哪怕搁下家里的事情，也不能耽误了工作。在我记忆当中，母亲从来没有因为家里的事情拖过父亲的后腿。母亲常说："你爸有公家的事，家里的事有妈和你们。"母亲

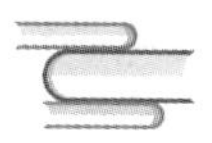

就是怀着这样的心态率领我们兄妹五人拉土、和泥，打下足够碹两间窑洞的土坯，那两间窑洞后来成了哥哥的新房。虽然父母有时候也会为了家庭琐事闹闹矛盾，但吵过闹过，也就没事了。因为父母闹了不愉快，父亲有他的解决方式。由于母亲脾气比较急躁，再加上为家操劳，难免有些怨气要冲父亲来发发，每每这时候，父亲就保持沉默，等到母亲消了气的时候父亲再把事说出来，母亲也是通情达理的人，解释开了就好了。父亲说：母亲冲他发火，他当然也是不痛快，但想想母亲为家里付出的一切，他就能忍下来，慢慢也会理解母亲。说到这，母亲也感慨道："感情都是相互的，家庭需要两个人的付出。年轻的时候，我照顾他多一些；现在到老了，他也懂得照顾我了，还帮我洗个衣服、买个菜的。"尤其是今年春天，母亲有一阵子心脏不好，在我和哥哥姐姐陪母亲到医院检查时，父亲也执意要跟着他才放心，从父母身上，我才真正体会到了什么是少年夫妻老来伴。说起父母 62 年共同走过的 226300 多个日日夜夜，父亲感慨地说："我和你妈就是靠相互扶持、相互照顾、相互理解，才走到今天的！"

现在最大的愿望就是老两口能健健康康，好让我们能安心的工作

父亲 1993 年退休，1999 年携母亲从平鲁井坪迁往朔州居住。退休后，父亲每天早晨 5 点就开始全身按摩到出汗为止，白天看书、看电视、读报、散步，父亲最大的爱就是坚持每天写日记，整整二十七年，父亲写完大小笔记本 27 本，大多记的是每天的所见所闻和自己对人生的感悟。"园鸟恋旧林，池鱼思故渊。"因父亲世居平鲁井坪，故对井坪有眷恋之意，从去年开始父亲已着手写《百年井坪》，以回忆的形式记录井坪在历史发展过程中翻天覆地的变化，以激发后人热爱家乡、造福乡亲。母亲则是在料理完家务以外，坚持不懈地做着针线活，在住朔的十七年间，母亲绣制鞋垫百余双，双双花草鸟兽栩栩如生，缝制抱枕、垫子三十余对。当我看着母亲因做针线活变形的手劝母亲别再这么辛苦的时候，母亲却说："你们是穿着妈绣的鞋垫长大的，而且咱家三代五口人是穿着妈绣的鞋垫走进电力公司的，看着你们个个都行得端、走得正，妈心里高兴。"

这个最初只有两个人的家，现在已经从一株小树苗长成了一株枝繁叶茂的大树，儿子、媳妇、女儿、女婿加上孙辈、重孙辈四代同堂已有 36 口人，其中最小的重孙已经两岁。每当我们一起回家的时候，父母脸上都洋溢着幸福的笑容。

回顾父母一起走过的 62 年，两位老人觉得夫妻之间最重要的是要善待对方，多看到对方的优点。这些年来，他们没有什么海誓山盟，也很少甜言蜜语，甚至没跟对方说过一次"爱"字，可就在我电话问起父亲希望我写点什么的时候，父亲说："多写写你母亲，她善良、贤淑，在那些艰难的岁月里，她和爸一起无怨无悔地面对，含辛茹苦地把你们兄妹五人培养成人……爸很感激她！"父亲接着说，"我和你妈现在最大的愿望就是老两口能健健康康，好让你们能安心的工作。"我哭了……难道这不是爱吗？

眼泪模糊了我的眼睛，我和父亲话别放下电话，把温馨时刻留给两位老人。他们的爱不是用语言可以表达的，那样漫长的人生、那些艰难的日子里，他们一直锲而不舍的是，用 60 年、70 年去慢慢雕刻那在他们心中的"爱"字，一起珍惜那份来之不易的缘分。

注 此文获国网山西省电力公司"我的父亲母亲"征文三等奖

国网大同供电公司

王　慧

老 妈 的 味 道

老妈是我们家的贤内助，几十年的持家，老妈早已经习惯凡事都亲力亲为。尤其在做饭这个问题上，有自己独到的口感要求、烹饪要求、材料要求……其他人都很难达到老妈的要求，所以我通常都只能帮她打打下手。

这样的亲力亲为，也使得老妈有许多自己独家的拿手好菜，尤其是手工臊子面。做臊子面的时候，老妈一定会亲自下厨，从买菜、择菜、切菜，到调汤、擀面，一定都是自己操作。每一次做手工臊子面，她都会提前半天就开始准备。去菜场买来各种配汤用的菜，比如豆腐，鸡蛋，黄花菜，木耳，当然还有上好的肉，回来后，她就会仔细地把每种菜切成 1 厘米见方的小方丁，分别用小碗盛着，还要把肉也切成一样大小的丁丁。切出来的各种小丁都是规规整整的一般大小，整整齐齐的摆在碗里。然后，自己和面擀面。

她在一瓢温水里加入一点盐，用筷子搅拌均匀，再一点一点加入面粉里，一边加水，一边和面。柔软蓬松的面粉在她手中好像有了生命变换着各种形态，时而变成圆饼，时而变成长条。和好面团后，把面团放到有盖子的盆子里，开始饧面。等待的时候，母亲会取出一个大汤锅，加入半锅水，开火煮沸。水沸后，她会先简单地把肉丁轻炒一下，然后就连同各种菜丁倒入锅里，放入各种佐料，小火熬着。

接下来，就开始擀面了。她把饧好的面团放在砧板中央，用擀面杖擀开。擀面杖在案板上舞动，面皮渐渐变薄，等面皮的厚薄合适了，撒上一层面粉，按照一定宽度折叠，快刀切成宽度相当的细条，再提起一段，抖开来，就是一把长长的面。把切好的面条一小把，一小把的摆在砧板上。

于是我常常会迫不及待地跑去厨房，掀开熬汤的锅盖，把鼻子探过去使劲的闻一闻，那种香醇瞬间就扑鼻沁肺，我就会偷偷地把筷子伸进锅里，夹出一块肉来，来不及吹凉，就一口塞进嘴里，烫得我呵呵换气，却那么满足。等待臊子汤熬制好了，就煮好面，每碗浇上两勺汤，再按照个人口味加入醋和辣椒，就是一碗美味绝伦的臊子面。尽管整个流程我都看地清楚，但多年后，无论自己怎样尝试，都学不到老妈的手艺。

如今，老妈身体不好，大家也都不忍心辛苦她下厨操劳。但是逢年过节的，她还是会坚持为家人们做臊子面。看着大家吃的那么津津有味，脸上总会露出欣慰和满足的笑容。

如今，为了生活，我们都在外工作，她的身边不再儿孙绕膝，也无需再忙碌着给大家做臊子面了。其实，我自己在家也会尝试去做臊子面，但是每次连我自己都摇头感叹，根本不是我想要的臊子面的味道，真的好想

念老妈做的臊子面，每次想着想着，我的眼泪就会掉下来。

每一次跟老妈通电话，她也总会说："有时间带孩子们回家来，我给你们做臊子面吃。"我知道，值得我们如此深念的不单是那一碗臊子面的味道，而是她对于家人的付出与呵护。对于我而言，那是一种妈妈的味道，伴随着我多年的妈妈的味道，是此生不可剥离不可舍弃的味道；对于老妈而言，那是她对于家人浓浓的爱意，浓的如同她的臊子汤一样，香醇、浓厚。纵然这世间有百味千珍，于我，正所谓"食子连心"，吃一碗老妈做的手擀臊子面，呷一口那香醇的臊子汤，那种浓烈的爱的味道，足以令我魂牵梦萦到生生世世。

注　此文获国网山西省电力公司"我的父亲母亲"征文三等奖

国网运城供电公司

王整转

一分钱的故事

十岁、二十岁、三十岁，一转眼，我也奔五了。期间，父亲对我从来都不苟言笑，至于他笑盈盈拥着我、喜滋滋看着我的情景实在是想不起来。好在他从不打骂，至多是高高抬起右手，狠狠地瞪我几眼，然后就自个儿抽空又放回身后。但尽管如此，我从心里害怕他。

所以，我一直羞于谈论父爱，只记得他的严厉管教，尤其是 9 岁时那一分钱故事，对我影响至今。

那年我上三年级，班里要求每名学生买一本 2 角 9 分钱的绿皮、32 开横格格作业本。父亲同意后，给了我 3 角钱，打发我到村里的供销社去买。

一路上，我开始盘算，买完作业本还能剩 1 分钱，这 1 分钱至少能买 2 块水果糖。那种含在嘴里、甜到每根头发丝的感觉对 9 岁的农村小孩来说，比过年穿新衣还要美妙。要知道，班里 30 多名学生，谁嘴

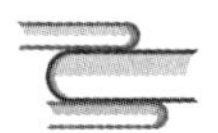

里吃块糖，下课后身边肯定围一大帮孩子，个个仰着脸，使劲地听着咯嘣咯嘣糖块咬破的声音，走哪儿，大家伙跟到哪儿，前呼后拥，特别神气。

三角钱送到和我一般高的红色柜台上，售货员给了作业本。“一分钱两块糖，新近的，特别甜。要不？”他故意提高嗓音，指着手边的一大堆糖块朝我说。

“我，我，我不吃糖。”猛然间，我竟脱口而出，也不知道从哪儿来的本事现场说出了假话，拼命地咽下了那股早从嗓子眼涌上的口水，慢慢吞吞地把找回的一分钱装进了贴身的口袋里。

一天、两天，绿色的作业本用了好几页，父亲却不提那一分钱了。我甚至后悔：那天为啥不直接买两块糖吃，让同学们也围着我，前呼后拥地跟在我身边，做回班里老大。

我直盼着父亲赶紧忘掉那一分钱，好让我美美地享受到水果糖块从头甜到脚的神奇感觉。每一天，我抽空就隔着衣服，用手狠狠地捏捏那硬硬的一分钱，继续盘算赶紧买糖。

到第三天吃饭时，正在吃饭的父亲好像忽然想起了一件天大的事情，他放下手里的筷子，双眼盯着我：“那天找回的一分钱呢？”

“在哩。”我赶忙从那每天至少捏几十回的口袋里顺势掏出，大大方方地递给了他，父亲长长地出了口气，目光还是紧紧地看着我，那一刻，我的心比吃了糖还要美。

三十多年过去了，作为老牌大学毕业的父亲，经历的事情太多了，他也

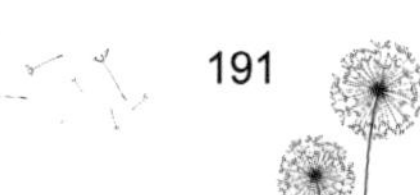

许早已忘却了一分钱的小事；但对于我，对父亲的教诲从来不曾淡忘，它时刻提醒我做人、做事要认认真真，不能欺骗，不能蒙混过关。想必这是父亲另类的“爱”。

注 此文获国网山西省电力公司“我的父亲母亲”征文三等奖

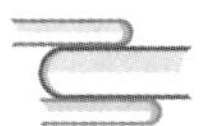

国网阳泉供电公司

田淑茗

我为父亲献红花

不知从何时，父亲的身躯不再挺拔，走路也不似以前那么稳健，似乎节奏也慢了下来。时光带走了父亲的容颜，但父亲对我的爱，对我的影响却从未改变，就像那首歌唱的一样：谢谢你做的一切，双手撑起这个家。时光再慢些吧，不要让你在变老。以前一直想用文字描述父亲，却终因无法诠释父亲而迟迟未写，直到父亲的退休触动了我内心深处对父亲的敬佩，今天我就说说我的父亲。

我的父亲出生在平定县的一个贫穷的小村庄中，兄弟姐妹一共四个，父亲排行老二，可谓是上有哥哥、下有姐妹。那时候家里很穷，用父亲的话说就是吃了上顿没下顿，饭一开，锅里连汤都不一会就没了。父亲的童年都是在田地里度过的，放过牛羊，种过庄稼，父亲还经常给我讲很小的时候和爷爷一起没日没夜赶着小毛驴去河北卖粮食的经历。小时候过得很苦，我有时候觉得他们的生活中充满了不可预知性，那个年代的人吃着各类的苦，一个人的死去似乎已经变得司空见惯，那一代人能活下来真是奇迹。终于，在父亲十五六岁的时候，村子里有一个当兵的名额，也许是命运的眷顾，父亲几经周折得到了这个名额。穿着军装带着红花在家人的拥簇中当了兵，这个曾经最多只是牵着小毛驴最远走到河北的男孩，这一走就是一路南下来到广州，穿上军装做了空军，十五年的军队生活在父亲一生的经历中也算浓重的一笔，军人的品质军人的习性也在父亲的生活中烙下了深深地印痕。

记得小时候，父亲特别有时间观念，做事情干净利落，从不拖泥带水。印象中我和母亲一直都是被父亲催促，“快点快点快点”。有一次很小的时候我要去医院输液，一大早，就听到父亲的咆哮声：“这都几点了，你们快点，我一会还要上班。”母亲拉起我就和父亲一起出了门，结果到了医院才知道，液忘了拿了。当时家里住得离市区特别远，又没有方便的交通工具，不得已，母亲只能边骂着父亲边回去取液。在我记忆中，从小到大，无论是生活工作，约定的时间，父亲从未迟到过，总是会提前很多，每一次开家长会父亲总是第一个就到了；每一次出车，父亲总是辗转反侧，很早就起来准备出发，这么多年来从未改变，就像是听到了军队的号角，在很短的时间内就能准备好一切，蓄势待发。我想，不管是在军营里还是退伍后，父亲的心里始终有一个号角，这个号角是他自己吹的。

军营生活不仅教会了父亲严格纪律，更让父亲明白“责任与安全”的重要性。父亲在部队上考了驾照学会开车，在当时那个年代算是赶了一回时髦。退伍后父亲也是和车打交道。他常常教导我，开车就是责任，不仅关系着自己更是对别人的生命负责。在父亲将近四十年的驾驶生涯中，他将责任与安全牢记于心，每一次上路都不敢懈怠，保证每一次的出车都是安全的。他常常挂在嘴边的一句话就是：“开车不能心存侥幸，时刻要严格要求自己。”是的，父亲做到了，这样的言行也时时刻刻影响着我。

工作中的父亲还是个“死脑筋”，可谓铁面无私，刚正不阿，经常让我碰一鼻子灰。记得高三的时候，上完数学课就晚上十点了，又累又饿，想让父亲过来接下我，可父亲从来都没有接过我一次，每次都说车不是自己的，不能用，不管我怎么哭、怎么闹都无动于衷。那个时候的苦累让我很不理解父亲这样的做法，甚至埋怨过父亲，直到今天我也走到工作岗位上，才理解了父亲“公私分明”是多么的难能可贵。

十五年军队的生活深深地刻在父亲的骨子里，影响着他的工作和生活。正如父亲所说，没有当过兵的人，永远不知道当兵的真正意义。军队生涯，让男孩变成了男人，让普通人变成了一个勇敢者。身份变了、环境变了，可是退伍军人却有一样没变——那就是历久弥新的军人情结。

今年父亲面临着退休，每天就听他唠叨还有几天几天就退休了，感觉就是在数着天数过日子。时间过着过着就到了父亲退休前的一个月，我永远不会忘记父亲退休前那一个月、永远不会忘记退休前那最后一天。那一个月，他没有停止出车，甚至跑的都是远活儿，午饭和晚饭也不是那么规律地和我们一起吃了。我总是抱怨他，让他等着退休吧，可是他从来没停止过。我和他开玩笑说：“哪有你这么大岁数还这么跑车的啊，不让人笑话啊。”可他义正词严地告诉我：“习近平还没歇息呢，人家可管理一个国家呢。”

就这样干到了最后一天，拿着抹布擦了擦车，最后一次像抚摸自己的孩子一样摸了摸自己的“老伙计”，还让我拍了照片。父亲说：“车，就像我的战友，陪着我走过了这么多年，是我最忠诚的伙伴，拍个照，留个念想。”

我永远无法忘记父亲关了车门转身离开地那一瞬间，尽管他

的脊背仍然是挺拔的、尽管没有任何言语和眼泪，可是，那是一个无言的告别，是对陪伴自己多年的老伙计的告别，是对自己终身热爱的事业的告别。四十多年的行车生涯，父亲以安全和责任牢记于心，怜惜自己的车子、爱惜别人的生命，零事故、零差错的结论结束了自己的职业生涯。

我的父亲，是亿亿万万退伍军人中普通一名，但却一生表达着对军队的热爱，用行动践行着军人的品质。

我的父亲，是千千万万电力员工中不起眼的一名，在一生的职业生涯中，没有惊天动地的业绩，但在岗位上三四十年履行了忠诚企业爱岗敬业的誓言。

我的父亲，更是普天之下芸芸众生中的一名平凡的父亲，为家庭操劳忙碌了一辈子，用他自己的一言一行、点点滴滴在生活中工作中影响着我、教育着我。

多年的付出，对工作不追名逐利，勤勤恳恳；对家庭，任劳任怨，无私奉献。“春蚕到死丝方尽，蜡炬成灰泪始干。”在父亲退休后的今天，我为父亲献红花，为这个可爱而伟大的劳动人民——我的父亲，颁奖！致敬！

注 此文获国网山西省电力公司“我的父亲母亲”征文三等奖

国网吕梁供电公司

王鸿祯

感　恩　父　亲

世界上最遥远的距离，不是形同陌路，而是天人永隔；世界上最大的悲哀，不是不亲不孝，而是子欲养而亲不待！

——谨以此文献给天堂的父亲

六月，鸟语花香好时节，阳光灿烂花宜人。父亲节之际，怀念父亲，身临其境，萦绕我脑际的是那令人肝肠寸断的思绪。我深深地怀念我的父亲，耳畔回响的是慈父那充满关爱的声音，眼前叠映的是他平凡而伟岸的身影，心田折射的是慈父严肃而又温暖、坚毅、执着的目光，情不自禁，思念的泪水潸然洒在记忆的门里。

2015 年 5 月 3 日，上班途中接到母亲打来电话说爸爸出了车祸让赶紧往回走。心里扑通扑通直打鼓，心情悲痛到了极点，心急如焚赶到家，结果，自然是意料中不幸与悲哀——我泪人一个久跪父亲遗体前悲痛哭泣。我慈祥的爸爸啊，您就这样一个人不辞而别独自走了，去了美丽的天国。您知道吗？您的女儿多么想能够再坐在您身边，静静地向您诉说自己的心里话。爸爸，您知道吗？看到您静静地躺在那里，我真想一跪不起，永远守护着您！当时，我心如刀绞，那种酸楚和后悔难以言表。唯有期望，期望每个人都有一个灵魂，祈愿您的灵魂安息天堂。

我敬爱的父亲，为什么您不能等着我回来与您诉说告别？我恨我自己，为什么不能多点时间陪伴您与妈妈！您没有说一句话，狠心地抛下妈妈跟我们兄妹三人。爸爸，您上有 80 岁的老父亲需要尽孝，下有妈妈、儿孙需要关爱庇护。您就这样悄悄地来了又去了，留下的，是您永恒的爱心和儿女不尽的悲痛与绵绵思念！爸爸，您听到了吗？您的儿女无时无刻不在深深呼唤着您啊！心里时刻这样问自己：我为生我养我的双亲做了些什么呢？父亲生病，我都没有能力为你减轻痛苦，也没有为您捶捶后背揉揉肩，也没有为您沏上一杯热茶。

《家是温柔的港湾》这首歌曲让我潸然泪下，我亲爱的父亲，告慰您孤独的亡魂！不知多少时刻，我常常在夜深人静心情不愉快的时候，或是满心喜悦的时候，情不自禁地想起您——我敬爱的父亲。在我记忆的深处，永远定格着父亲的影像：普通而平凡，文化不高，却一直鼓励我们兄妹三人努力学习，走出农村。父亲是平凡的，但平凡中蕴含着伟大。我们这些儿女没有辜负您的期望，我们继承您的光荣传统，用实际行动告慰您的在天之灵，我敬爱的父亲，您老人家安息吧！儿行千里母担忧，我们从出生到长大成人，父母费尽心血，现在我们已成家立业，可父亲却离我们而去，与父

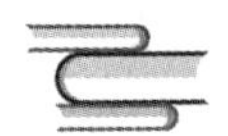

亲朝夕相处的情形已不可能再现，我们怀着深深的歉疚感恩，感恩父亲，感谢生命中有你。

回到那个熟悉又陌生的“家”，看着您的遗照，再也听不到您的声音、再也看不到您的身影，只能坐到您平时坐的那个位置上，静静回忆往日您的慈爱，我的心好痛好痛，但是我要忍，我不能在妈妈面前表露出来，我知道您走了最放心不下妈妈，所以我有责任照顾妈妈，您许她一世无忧，剩下的儿女一定替您做到尽善尽美！到现在我都不能接受您永远离我远去的事实，到现在我都觉得您一直都在！每次还准备给您打电话，当打开电话，才明白，已经没有一种线路能接通到您的身边！“子欲养而亲不待，树欲静而风不止”，爱恨百般浓，难报一世恩。

“你陪我长大，我陪你变老”，这才是最长情的告白，每分每秒的陪伴，都是生活中最美的记忆。根植于斯，情牵于此。即便历经沧桑，齿摇摇，发苍苍，目茫茫，父亲依旧是我心里最重要的人。

注　此文获国网山西省电力公司“我的父亲母亲”征文三等奖

国网吕梁供电公司

白　勇

最后的荣誉

1973年11月，他插队到了吕梁临县大居村，一家大小九口人的伙食问题或多或少都压在了这个年仅17岁的老大身上。那时候干活是说工分的，汗水多，工分多，钱也多。贫苦家庭的儿子对于苦是不怕的，闲下的时候还要翻山去挑水捡木柴，而对于学习是他最奢望的东西。1974年9月，他加入了中国共产党，就在这一年，他开上了手扶拖拉机。

他，就是我的父亲。也就是那天起，父亲的驾驶生涯开始了，直到今天，2016年6月23日，父亲退休了。当领导把优秀共产党员的推荐表给父亲的时候，父亲说："这是我最后的荣誉了，主要事迹就相当于我一生的回忆。"

父亲写道："一九七六年一月到了吕梁电业局车队，从事汽车驾驶四十几年来，在平凡岗位上默默无闻，无私奉献，先后驾驶过各种不同型号的大小机动车辆，安全行驶数百万公里，圆满地完成了各项出车

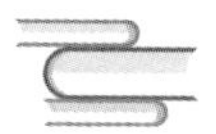

任务。”家里的书架上、箱底到处都是关于汽车的保养手册之类的书，书中车型从拖拉机到工具车到桑塔纳等等，应有尽有。父亲说：“那时候的路不好走，如果车坏在路上，你只有挨冻受饿的份，不像现在打个电话就能来人——。不过打电话总是要花钱的、总是要时间的，自己多学点知识，有个小毛病什么的都能注意起来，也能处理掉，不至于坏在路上，如果坐的一车人，也不至于一车人陪着你干着急。现在的车更新得也快，好多功能你要是不学，你就不会最基本的处理方法。”父亲的学习是时时刻刻的，就算现在眼睛昏花了，也是拿着一个大大的放大镜逐字逐句的去读。就像他主要事迹中写的：“四十几年来认真学习汽车驾驶知识，刻苦钻研驾驶和修理技能，在工作中避免了多次事故，也自己动手维护保养，给单位节约了不少的修理费用，延长了车辆使用期。”除了学习驾驶知识，父亲学习党章也是极其认真的，父亲写道：“利用一切机会向群众宣传党的方针、政策，时时刻刻以党员的标准严格要求自己。”对于这点我是深信不疑的，因为这点也是我们反感父亲的一点，一家人聚会的时候，吃点饭喝点酒父亲多是不言不语的，只是嘿嘿地笑着，而话题不小心落在了教育问题上，父亲就会喋喋不休地说起来，让我们学习马克思列宁主义、毛泽东思想，让我们要学会批评与自我批评，继而说世界是你们的也是我们的，但是最终还是你们的。大家都觉得父亲扫了大家的兴致，而此时此刻觉得父亲正是以一个党员的标准时刻要求着自己，也是用行动影响着我们。

“时刻绷紧安全之弦，确保车辆安全，安全是车辆驾驶员的根本保证，从事驾驶工作四十几年来我始终坚持安全第一的思想，不开快

车，不违反交通规则。”父亲说的和做的是一致的，每当开车有点犯困的时候，父亲就会把车靠在一边，稍微休息一下。这也让父亲练就了一个神奇的本领，哪怕睡上两三分钟，父亲的状态都会马上恢复，刚听见他打呼噜，然后他就又上了路。父亲说，“慢一点不怕，安全是最重要的。”以至于现在在我开车的时候，都不敢违反交通规则，感觉父亲时时刻刻在看着我。

最后的荣誉是给父亲退休最好的礼物，是对一个共产党员的肯定，也是对共产党员提出的另一个起点的要求。“我，有待于在新的路途中，继续发挥一个共产党员的先锋带头作用，永远跟着中国共产党，把自己的后半生发挥得更加美好，为振兴吕梁电力事业做出新的贡献。”

荣誉证书放在了父亲的桌前，放大镜下的金色格外的耀眼。父亲说，他与当初他来汽车班上班的同事们都已经约好了，想一起整理一些老物的故事，说说以前，讲讲现在。

注 此文获国网山西省电力公司“我的父亲母亲”征文三等奖

国网山西检修公司

刘雪汀

宅丫头的暴走

丁丁，主流90后，非典型射手座，怀揣一颗文艺心的工科女，立志做有趣味、有情怀、有能量、有梦想的“四有好姑娘”：爱音乐、爱阅读、爱美食、爱生活，就是不爱出门。

周末在家睡到自然醒，起床、穿衣、洗漱、吃早饭，然后就一屁股坐在书桌前动也不动；偶尔上网看看视频，不过大部分还是在看书。不记得是小学还是初一，自从在某本杂志上看到了“人丑就要多读书”这句话后，丁丁照了照镜子，然后就毅然决然地决定干了这碗心灵鸡汤。书读得多了，也就越来越喜欢读书，随便什么书都愿意翻上两页。每逢闲暇，阳光透过玻璃窗斜斜地射进卧室，捧一本书坐在地上，那种满足和惬意便溢满心房。

“一起去公园吧，最近郁金香开得可漂亮了。”

“上街逛一圈吧，给你买两件新衣服。”

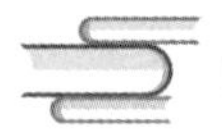

“去看电影怎么样？詹姆斯·邦德重出江湖了。”

爸爸总想在周末组织家庭活动，却从来得不到丁丁的支持。天气太热不想出门，天气太冷更不想出门，艳阳天会晒黑皮肤，阴雨天又最适合在家睡觉……丁丁总能找出各种不出门的理由，就愿意宅在家里，读读写写，寻求自我的 Inner Peace。

我怎么就生出了这么一个宅丫头？丁爸爸对此很是不能理解。

丁丁说，过两天我会拿新文章给你看。

爸爸说，你之前写的东西我都看了，都看懂了。

丁丁说，文章不能用看懂看不懂来评价。

爸爸说，主要是我欣赏不来，为了不打击你才这么委婉的。

丁丁无语，爸爸你这种打击一点儿也不委婉。

还记得小时候，家长们不知为什么总将“学好数理化，走遍天下都不怕”这种明显有学科歧视的言论捧为真理，所以那时候丁丁一看什么杂志、散文，丁爸爸就觉得这熊孩子又在看闲书，不好好学习；只要是想买理科的试卷、习题，丁爸爸一定举双手赞成，骑着家里的“二八”自行车，驮着小丁丁去书城豪气地 shopping；但是如果丁丁想买本小说来看，不仅要在丁爸爸心情好的时候“见缝插针”地提这个小小的请求，还得口头签订“下次考试一定会保持班里前三”这种不平等条约。久而久之，对于买书一事，丁丁也开始瞒着爸爸偷偷进行地下工作。

不过熊孩子的零用钱毕竟有限，做不到喜欢什么就买买买，于是学校里互通有无就显得十分重要。当时我们已经懂得“只要人人都献

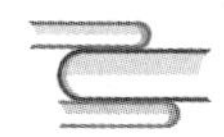

出一点爱，世界就变成美好的明天”这种亘古真理，可惜的是当时班里男生女生之间很少有交集，看惯了《天龙八部》的男生，一看到郭敬明的小说就觉得很娘，甚至男生自己都会互相嫌弃，为到底是金庸还是古龙哪个文笔更好而争论不休。我那会儿也是个挑食大户，看的都是些非名家杂文，不过偶然间悄悄品尝了《会有天使替我爱你》之类言情小说的味道后，还是有种打开新世界大门的奇妙感觉。

魔高一尺，道高一丈，丁爸爸的侦查能力无人能敌。丁丁心爱的珍藏也曾数次遭遇“血洗”。某次考砸后，它们被一本接一本地搜刮出来，全部没收——。原来丁爸爸早就发现了丁丁买闲书的“小动作”，按兵不动只为等待一个合适的时机。太老奸巨猾了！嗯，尊重长辈是中华民族的传统美德，这个词不好，换一个：太老谋深算了！

基本上这就是丁丁与爸爸围绕“闲书”展开的拉锯战，那个时候丁丁简直觉得自己就是一个忍辱负重的英雄。时间过得真快，转眼丁丁已经工作，丁爸爸也不会再限制丁丁看他所谓的“闲书”了。念及此，不知怎么地丁丁觉得心里像是吃了颗柠檬，酸酸的。

由于“宅”属性稳定，丁丁自从关注了“微信运动”平台后，步数常以三位数在好友圈垫底。丁爸爸对此嘲笑了丁丁很多次，奈何被嘲笑的丁丁对此很是不以为意。嘲笑这种事，本就该一个趾高气扬、一个羞愧难当才是正确的打开方式。丁爸爸表示，你这是严重违规！

可是，突然有一天，丁爸爸惊讶地发现，丁丁最近的运动排名天天霸占他的封面。

“你转性了？”

“要减肥？”

“说，和谁逛公园去了？”

“你是不是把计步器挂招财猫的爪子上了？”

丁丁……有个想象力太丰富的爸爸压力好大。

聊天过后，丁爸爸才知道，原来自从参加工作进了变电站，丁丁每天跟着老师傅在设备区巡检，步数自然暴增。恰逢近半个月站里年度综合检修，丁丁跑现场的次数更多了，步数随随便便就能上万，超越天天坐办公室的丁爸爸更是轻而易举。

爸爸说，哟，宅丫头暴走了。

爸爸说，嗯，这样运动运动比窝在家里健康多了。

爸爸说，切，我明天去公园绕两圈就能超越你。

爸爸还说，丫头，等你回家荷花就快开了，陪我逛逛公园吧。

丁丁发现爸爸的话更多了，不过似乎没有那么烦人了。轻轻地应一声，嗯，等我忙完这段时间就陪你去。

对讲机里又安排恢复安措了，丁丁放下电话又风风火火地出去了。宅丫头又开启了暴走模式，今天的步数是不是又可以刷新纪录了？

注 此文获国网山西省电力公司“我的父亲母亲”征文三等奖

国网运城供电公司

赵晓霞

父爱如书

父爱如书，酸甜苦辣喜怒哀乐全都蕴含在字里行间；父爱如书，读一次就有一种感受、读一次就有一种收获，是一本厚重的、一辈子受用不尽的人生大书。

由于幼年和奶奶一起生活在乡下，和爸爸聚少离多，印象中的父亲只是一个熟悉的陌生人，从来没有过绕欢膝前、撒娇玩闹的回忆。在我左手食指上有个微小的疤痕，就是幼时留下的。那时冬天多雪，天寒地冻，放学回家要步行 20 分钟左右，手脚都冻得失去了知觉。生性毛躁的我进门后用力一带门，一片玻璃应声而落，当时我的第一反应不是赶紧躲开，而是想如果玻璃打碎了一定会遭爸爸一顿臭骂，说时迟那时快，我伸手想去接住那片正在下坠的玻璃……结果可想而知，玻璃没接住，我的手上也留下一个永远的记号。

现在想想当时那个六七岁的孩子确实很傻，好在结果只是划破了小

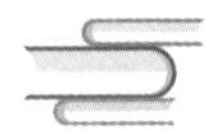

手，如果真出了什么意外真是得不偿失。爸爸也许到现在都不知道当时小姑娘划破手的真正原因，可当时心里瞬间的恐惧记忆一直清晰地印在我的脑海里。

和父亲真正拉近距离是初中时候，那时功课开始繁重，为了节省时间，妈妈把我一头长发剪了。爸爸看到小子头的我后，便和妈妈吵了一架，说女孩就要有女孩的样子，就应该扎着辫子系着蝴蝶结。此后每天早上爸爸都会早早起来给我梳辫子，直到外出求学。这期间无意听到爸爸和邻居谈话，邻居笑他偏心，爸爸说："我就是偏心老大，你看她从小带着弟弟上学放学，从没让我们接送过，也不让我们操心，都说天下老都向小，我要不偏点向点，老大心理的幸福感就比小的差很多。"因为爸爸这句话，我温暖了好久，和爸爸也亲近了许多，这才知道小时候的疏离只是小孩子自己的想法。

16 岁外出求学，爸爸送我到学校，帮着收拾行李铺床忙得不亦乐乎，我和同学一起到食堂享受第一次集体午餐，饱餐后我们一群孩子兴致勃勃地参观学校中午一点多才回到宿舍，丝毫没想到昨晚坐了一夜火车，早上、又一直帮我忙前忙后的爸爸到现在还滴水未进。回到宿舍看到爸爸正坐在床边吃着从家带来的煮鸡蛋，忽然觉得鼻子一阵酸楚：爸爸为我做了太多，我却丝毫没想过爸爸也要吃饭，闪身门外擦掉眼泪邀请爸爸到食堂吃饭，爸爸连声拒绝："你吃好了就行，我把带来的干粮吃了，不然都坏了。"我赶忙打来一壶热水给爸爸倒上，那是我第一次给爸爸端水，不知爸爸有没有特别感触，这个第一次我记得太深刻了。送爸爸离开学校，8 路小巴卷起一路烟尘飞奔而去，很远了我看到爸爸还在不住地回头张望，我的泪

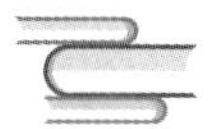

水夺眶而出。多年后一看到“绝尘而去”这个词，我就想起爸爸就着凉馍吃鸡蛋、在滚滚烟尘后那张不放心的脸。由于少不经事，这成了我一想起来就很无比愧疚，纵使之后做再多事情也无法弥补的遗憾。

出嫁后，由于工作关系一直住在娘家，两年前终于结束两地分居的婚姻长跑调到运城。调令签署那天老公来接我，那天细雨蒙蒙，爸爸骑着摩托车去上班，看着爸爸的身影消失在雨霏之中，忽然间和爸爸在同一单位工作10年的点滴一下涌上心头：前些年爸爸骑车带着我、这几年我开车载着爸爸同进同出3000多天，现在就剩他一个人，年龄大了反倒重新骑上摩托经受日晒雨淋，顿时心痛难耐一路号啕。老公劝说：“不过40公里路，你想回来天天回都行，30岁要当妈的人了，还跟离不开家的孩子一样……”

此后的每个星期、每个假期我都会回娘家，过几天饭来张口的日子，每周五爸爸总会把房间收拾干净做好晚饭等着我们，周日走时，总让我们拿这拿那，只怕离开自己的呵护，最心爱的女儿会饿着、会累着。

上个月的一个周末运城大雨滂沱，原本不计划回去，还没来得及等到下班，爸爸的电话就打到了办公室：“你还回来吗？饭都做好了，家里有衣服，不怕冻着了……不然别回了，下雨视线不好，不安全。”我知道后边的话不是本意，他天天数着日子盼周末呢。挂上电话我就赶紧上路，天黑之前赶回了家，爸爸得知山上雾大看不见路，连声埋怨我不该回来，可他脸上掩饰不住看到姑娘看到外孙的笑意……

都说父爱如山，肃穆沉稳；我要说父爱如书，博大厚重，您传递给我的除了爱和力量，更多的是精神支撑，我的成长之路、奋斗之路有您的陪伴而更显精彩。我爱您爸爸！

注　此文获国网山西省电力公司“我的父亲母亲”征文三等奖

国网朔州供电公司

贾若愚

父 亲 母 亲

小时候，
父亲是太阳，母亲是月亮。
而我就是地球，

白天，太阳照射着我。
晚上，月亮陪伴着我。
让我有了光明的未来，美好的明天。

少年的时候，
父亲是风，母亲是雨。
而我就是小树，
春天，风吹走了烦恼。

夏天，雨洗刷了心灵。
让我茁壮地成长，没有了负担。
青年的时候，
父亲是船，母亲是桨。
而我就是渡河的过客，
船载负着我。
桨让我前进。
让我渡过了大河，找到了人生的彼岸。

现在，
太阳暗淡了光辉，月
亮也褪去了光彩。
风缓了，雨小了。
船停了，桨止了。
而我却得到了光明、
温暖与快乐。

注 此文获国网山西省电力公司“我的父亲母亲”征文三等奖

国网阳泉供电公司

张仕琪

我 的 父 亲 母 亲

我的父亲母亲，都是很有勇气的人

母亲是从农村闯出来的人，当时外公不想让她再念书下去，催她辍学回家，她不依，便一个人骑着自行车背着行囊，去了城里面最好的高中，没向家里要一分钱。就这样，借了钱，坚持念完了高中，上了中专，找到了一份稳定的工作。爸爸跟我说，妈妈工作了一年才把之前念书借的钱还清。每每说到这段往事，我和爸爸总是不由地钦佩她。

而父亲年轻的时候更像是一个玩世不恭的浑小子，爱玩，喜欢和大家混在一起，上课不好好听讲，但脑瓜子极其灵活。爷爷几次三番地提醒他，不要拿自己的未来开玩笑，高三那年他顿悟了，认认真真地学了一年，和妈妈考上了同一个学校。他们也是在这里相识的，最后走在了一起。

毕业以后，爸爸把妈妈领回了家，爷爷面对这个外地的女孩子嫁过来却有些不同意，因为当时风俗一般都是本地的男女结婚，也没见过谁娶

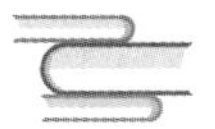

过外地女子。可是爸爸却很有主见，坚持要娶，爷爷拗不过，也就同意了。

他们都是内向的人，不爱说话，但办事却很靠谱

爸爸说自己表达能力不行，遇到什么场合让他当着众人的面上去说点什么，他总是摇摇头，说："您让我办点什么事我都没问题，唯独说点什么，我是真说不了。"但这也并不影响大家对他的好评，只要谁交给他的事，他从来不食言，总是能办妥。爸爸是最靠谱的人，我从小都这么认为，大家也这么认为。小的时候我不懂，爸爸为什么那么乐于帮助别人？为什么把最好的留给别人？可爸爸却跟我说，凡事别老想着自己，做什么都顾全大局，别只图自己开心，冷落了别人。而妈妈也是个实诚的人，不愿意对别人虚情假意，待人实实在在真真切切，是个别人愿意与她掏心窝的人。

父母的爱，很温暖，很深刻

出生在这样的家庭里，幸福自然不言而喻。妈妈是温柔的，她总喜欢鼓励我。小时候去学琴，同样一批小朋友一起学，我总是慢别人半拍，而老师也似乎对反应迟钝的小朋友不太喜欢。我开始有挫败感，后来就哭着跟妈妈说我不要学了。妈妈却跟我说："我前两天还去问你们老师了呀，他说你很有天赋，比其他小朋友要机灵很多呢。"妈妈有没有真的去问老师这件事，她估计也忘记了，我也

无从考证，但当时这句话我确实当真了，我开始变得有动力起来，学得也越来越好，后来发现老师越来越关注我，并常常在别的小朋友面前夸奖我，我更加确信妈妈说的是真的，老师确实觉得我比别的小朋友学得好。而爸爸的爱可能更深沉一些，他有一种恨铁不成钢的情结，看到我做得不好就要批评我。学车的时候也是，看我手脚不灵活的样子，就呵斥我、批评我直到哭，就这样，却也没和颜悦色些；就算是后来练好了，也只会说，这本来就很简单，学会很正常。有时候考试考了班里第一名，爸爸也只是笑笑，说考第一或者不是第一也都没什么的。但听妈妈说，爸爸只是不善于表达，其实每次我有小进步和小成就的时候，他总是很开心。

更希望我能学会做人的道理

上大学离开家的那一天，爸爸妈妈送我去车站，上车的时候，爸爸只说了一句：“照顾好自己，在外面记得别占小便宜。”我知道，爸爸一向是这样，他从来不管我是不是能拿第一、是不是能出头，但是做人的道理一定要懂，要多站在别人的角度上考虑问题，做事情别忘了顾及他人的感受。他老是跟我说，物质上的东西其实差不多就好，生不带来死不带去，没必要争个头破血流。他更希望我能有精神上的追求，念书的时候不能拘泥于课本要有自己的理解，如果想学习一项技能总是全力支持。而他也用自己的日常行为为我做了榜样，他很喜欢自己琢磨动手修电脑修电视，善于接受新鲜事物，能帮到别人的就会尽自己所能。

很幸运，从小在父母爱的关怀下健康成长，我钦佩他们的人格和品质，他们在我心中就是最伟大的人。

注 此文获国网山西省电力公司“我的父亲母亲”征文三等奖

国网阳泉供电公司

朱　琳

父　爱　如　山

人们常说：女儿是父亲上辈子的情人。这话一点不假，父亲对我的爱，含蓄而深沉。

小时候，我眼中的父亲，是一位严厉的导师。从小就被灌输努力进取的学习理念，每逢考试，父亲的脸就是我成绩的晴雨表。倘若成绩下滑了，父亲的脸立即由晴转阴，而且拿着卷子翻来覆去地看，虽然不会有太多的责骂，但眼睛里透射出的严厉目光，已足以触动我身体的每个细胞。长大了，逐渐明白严厉的背后是父亲对我给予的厚望，是期待我的人生会有好的发展。

“以克人之心克己，以容己之心容人”是父亲一贯秉承的原则。对待朋友，父亲真诚热情，朋友的事情就是他自己的事情。记得有一年大年三十父亲接到朋友的电话，说家里暖气管道漏水，让他赶紧去看看。挂了电话，父亲拿着工具就出了门，待晚上一家人该吃年夜饭的时候，父亲仍没有回家。那时我嗔怪父亲多管闲事，父亲却笑着回答：“朋友是什么？就是困难时能给予你帮助的人，不能光耍嘴皮子功夫；再说，你帮助了别人，别人同样会在你困难时伸出援助之手。”类似的事情还有很多，细细想来，父亲这种为人处世的方式对我之后性格品德的养成影响很深。他通过自己的言传身教，潜移默化地教导我如何待人接物、如何做一个真实自然的人，不张扬，不虚饰。

同母爱相比，父爱常常容易被忽略。每次给家里打电话，如果是父亲接起来，没说几句，就会以“让你妈接电话”作为结尾。随着年岁的增长，我慢慢感受到，父亲很多时候也如母亲般细腻。上班后，回家的次数屈指可数，每次回家，父亲总要去车站接我，变着花样做我爱吃的菜。记得上次临走前，父亲蹲在地上给我砸核桃，壳去得很仔细，挤挤塞塞装了满满一罐头瓶，然后递给我说：“走时带上，什么时候想吃就拿几颗，方便。”父亲说这句话时是带着微笑的，可是我却满心酸涩，将头撇了过去。

以前总觉得父亲是万能的，不管什么困难和要求，只要和父亲说了，就一定会得到满足和解决，并且想当然地认为这是应该的。直到离开学校开始工作，才发现原来许多事情都需要自己去面对、去经历、去完成，其间的滋味让我深切感到生活的不易，也慢慢懂得父亲要撑起这个家，是要付出多少心血、承受多大压力。

如今，父亲已从当年的帅小伙儿悄然步入了知天命的年纪，脸上的皱纹像商量好了一般，突然挤满了眼角，记忆力也差了很多，身体状况大不如前，随身物品总是丢三落四的。父亲的衰

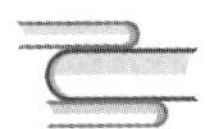

老让我一时丧失了原有的那份安全感，甚至产生了些许恐慌。我还未来得及从被保护的角色中转换，还未来得及准备好扛起应有的担当，还未来得及……如同小孩子学步突然失去了大人的帮扶，面对前方的路，茫然不知所措。我不知道，当我们为人父母的时候、当我们老的时候，对于父亲，我们会不会如同小时候他对我们那样细致耐心，给我们温暖给我们无尽的安全感？还是如龙应台《目送》中说得那样：所谓父女母子一场，只不过意味着，你和他的缘分就是今生今世不断地在目送他的背影渐行渐远。你站立在小路的这一端，看着他逐渐消失在小路转弯的地方，而且，他用背影默默告诉你：不必追。

注　此文获国网山西省电力公司“我的父亲母亲”征文三等奖

国网阳泉供电公司

史学莉

感恩父母之爱

有人说，父亲像一个擎天的巨人，撑起一片生活的空间，母亲则是在这一片天地之间拔地而起的大树，为我们遮风挡雨；有人说，父亲像一座大山，担起所有的重担，让我们生活得轻松安然，母亲则是山边和煦的春风，吹去朔雪纷飞，带来春光无限；还有人说，父亲像源远流长的江水，吸纳过滤所有的困苦，留给我们快乐的晴空，母亲则是一汪碧绿的湖水，包容我们的傲慢与任性。而我想，我的父亲更像太阳，照亮我的心田，不善言词的他总是默默地付出着，给我带来无尽的光明和温暖。我的母亲更像月亮，外表严肃的她时常让我感到冰冷，但她温暖的内心更是像月光般柔和，远远地为我亮着，轻唤我迟疑的脚步。日复一日，年复一年，平凡而又简单的他和她，给了我整个世界。

"把平凡的事情做好就是不平凡，把简单的事情做好就是不简单。"我的父亲就是一个平凡而又简单的人，但他总能把一点一滴的小事情做到极致。他很普通，长着一张大众脸，身材也很一般，可以说没有什么引人注目的地方，但在我的心中他有着平凡的伟大。

在我去大学报道的前一天，因为母亲工作忙没时间帮我打理，只留下父亲帮我把前前后后、里里外外的所有事情都做好，对于我自己打包的行李他还多次和我确认是否完整。到了晚上，父亲变得有些反常，他先是拿出了自己平日里不经常穿的“漂亮”衣服准备明天穿，洗完脸后他又刮光了曾经在脸上茂盛一时的胡子，这样一来整个人都看起来精神许多。

第二天就要去学校报到了，父亲早早就起床了，我蒙眬地看见父亲在仔细地盘点我的行李。我起床后，父亲正在一旁刷牙，可是当我收拾了一会东西后发现父亲还在那里刷牙，我便疑惑地问道：“爸，你刷个牙怎么用这么长时间啊？”我的话刚出口，竟看到父亲一脸羞涩，支支吾吾地说：“我经常抽烟，太难闻了，别让你的同学和老师闻到笑话。”这时候我才理解从昨晚到今天早上他的所作所为都是为了我，为了给我未来的大学同学留下一个好印象。一切都准备妥当，爸爸和我辗转几个交通工具来到了梦寐以求的大学门口，刚进校门我就被眼前的景象怔住了：各式各样的车排成了一条条长龙，密密麻麻的人在车间攒动，我们只好扛着沉重的生活用品一步一步往报到的教室挪动。“爸爸，我帮你拎一点吧”。看着爸爸从地上抱起大包被褥扛到肩上，又拎起一大包衣物等日用品，我本想再为他分担一点重量，可是他却坚持着和我说：“不要了，你带好路就可以了。”终于走到教学楼办完入学的一系列手续后，我们就转去宿舍了。宿舍在四楼，没有电梯，望着一层层的楼梯，只

见父亲耸了一下肩，一步又一步地往上走，每一步都那么沉重又坚定。来到宿舍，父亲如释重负地把东西放下，拿出笤帚扫了扫床垫，将学校发的床上用品都帮我铺好，最后帮我把蚊帐装好后，父亲拍了一下床，吩咐了我几句就走了。我被父亲的这些行为感动了，父亲为了不给我这个爱面子的孩子丢人，特意换了“漂亮”的衣服；为了我不被人笑话，他刷了那么长时间的牙；为了不让我累着，自己一个人扛了所有的东西……在我心中，父亲虽平凡，但他是最伟大的人！

与默默无闻的父亲不同，我的母亲对我呵护有加，生活中我们的交流也更多一些，虽然她平日里工作十分繁忙，但是只要在家里，无论是在学习还是生活上都给予了我无穷无尽的关爱。她总是对我十分的严厉，每次做错事情都会苛责我，但是她每次生气教训我之后又会自己躲在屋子里哭，我明白她的苛责并非恶意，这是她表达爱意的特殊方式。我的母亲就是这样如月光般冰冷，但内心却十分柔和。

爱的方式有很多种，有宠爱，有溺爱，有偏爱，我的母亲给我的爱像是一道岸堤，在我心灵脆弱时，为我筑起坚强的信心。记得在中学时，我有一次期中考试成绩不是很理想，拿着失败的考卷担心地走到家里，母亲正在煮饭，我更加害怕了，但又不得不告诉她。当我正要开口时，母亲笑着对我说：“饭马上就好了，先洗个手吧！”就是因为这简单而又温暖的一句话，让我感到愧疚，我无法再想开口了，心里产生一个念头：下次考好了再告诉她吧！到了晚上，等到我入睡的时候，母亲悄悄地来到我的房间，这时我已经快睡着了，但又想看看母亲在干什么，紧闭的眼睛使劲让它露出一条空隙。蒙眬的眼睛只看到母亲手上拿着一张考卷，认真地看着。此时，我害怕了，担心她会责骂我，我躺在床上有种不祥的预感，但是结果让我出乎意料，母亲竟然又悄悄地走了。我不安地睁开双眼，脑子里浮想联翩，在床上翻来覆去，这样大约持续了半个小时我才睡着。第二天醒来时，发现母亲早

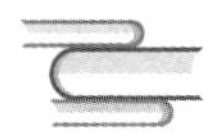

早起床了，连早饭都做好了，等到我刷洗完毕开始吃饭的时候，母亲走了过来并且手上拿着一本书，她把书递给我，说："这是一本关于如何学习和提高成绩的书，希望你看完它之后，能有很大的进步。"我高兴地接过，并且说："谢谢！"我被母亲的行为感动了，我开始敬佩她的教育方式，在我最脆弱的时候，是她鼓励了我。

人总是在回首中成长、在思念里成熟，我又何尝不是这样！我愈来愈发现父亲和母亲的每一个眼神、每一个动作、每一句话语都包含着对我深切的关爱和无微不至的关怀。父母的爱寓于无形之中，是那么的无私、那么的深沉、那么的伟大。而我也渐渐地发现，为我成长付出代价的，却是父母悄悄变白的黑发和日益苍老的面庞，随着父亲和母亲的慢慢老去，我这棵曾经的小树苗也已长成参天大树，终于可以为父母遮风挡雨，报答父母的养育之恩。

时光如水，即使似水流年淡去再多回忆，也都始终不会改变我对父母的感恩之情！

注　此文获国网山西省电力公司"我的父亲母亲"征文三等奖

国网阳泉供电公司

冯 钊

父亲的步伐

我生长的这座城市有数不尽的大坡小坎，这里的人们习惯了每天往返于山脚山顶，过着难得的惬意日子。初来阳泉的人，会抱怨路难走，但生长于厮，便会对这些沟坎生出些情愫，一马平川仿佛少了些走路的情趣。

两岁之前，我一直住在爷爷奶奶家。自从搬到了新家后，每周探望爷爷奶奶变成了我童年记忆的全部。新家在老城区，地势很低但周边设施齐全，生活很便利。爷爷奶奶家在西边的山上，除去乘车还有很长一段土路要走。那个时候，自己精力充沛又比较顽皮，常常甩开父亲的手，蹦跳着前进，他只能无奈地跟在后面，轻声喊着让我慢些走，可我哪听得进去，时常摔得灰头土脸，进门便会听到奶奶的抱怨：“路不好走，就慢一点，别跑那么快。”父亲应和两句：“属猴的，调皮得很，怎么说都不听。”我清楚自己闯了祸，向奶奶撒撒娇，便跑到电视前陷入

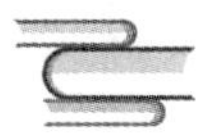

了黑猫警长的世界里。简单幸福的日子总是过得飞快，在我5岁那年，奶奶因癌症离我们远去，父亲拉着我，迈着沉重的步子，带我到奶奶的坟头祭拜，嘱咐我牢牢记住奶奶的样子，没有太多撕心裂肺的哭泣，他只是一个人坐在那里，默默地怀念着他的母亲。

用父亲的话说，自打上了小学，我成了一只真正的“猴子”。上树爬墙是我的必修课，屋顶隔窗是我的课堂。那时候院子里停着很多皮卡，我和小伙伴们总会站在货厢里，隔着挡板往外跳，看谁跳的远。从小不服输的我，自然要竭尽全力，争取成为那个跳的最远的人。中秋节前一天，我刚刚过完生日，像往常一样开始了跳远训练，哪料到，那天的挡板比往常要高一些，跳出车的瞬间，脚尖被挡板绊了一下，头朝地栽了下去。在小伙伴们的惊叹中，我依稀记得父亲抱着我，用最快的脚步奔向了市中医院，昏迷了一天一夜后，我醒了过来，嘴唇已经肿得看不出形状，额头缝了5针。父亲走到床边语重心长地和我说：“你在车上跳之前有没有想过这么做会有什么后果？慢一点，以后无论干什么，别着急，先想清楚可能发生的后果，再去做。”

2000年前后，父亲忙得不着边际，周末经常在单位加班。我问他为什么没时间陪我，他说农村有很多地方还没有通电，还有很多小朋友每天晚上不能看动画片，只能点着蜡烛完成作业。他一直是我童年的偶像，是传播光明的使者。然而，他倒下得如此匆忙，让人来不及回想。

他病倒后大约一个月，我才跟着母亲到医院探望他，长辈们为了安慰我，只是跟我讲他肚子不舒服，需要

在医院休息。当我见到他，看他躺在床上一动不动，头上缠着白色的绷带，眼睛盯着我由远及近。我轻声叫他，告诉他我期末考了班里第一，他吃力地点点头，并没有应声，我才明白哪怕是他，在病魔面前也不堪一击。

出院之后，他开始了漫长而艰辛的复健之路。从话语含糊不清到慢慢可以移动左半身，经过了长达半年的训练，除了左半身伴随着轻微的半身不遂，其他状态与常人无异。他始终坚持着自己的信条，一步一个脚印地前进。他开始适应本不属于这个年龄的拐杖，习惯了没有工作休养在家的生活。每天清晨过早饭后，他便揣着报纸，拄着拐杖，开始一天的“修行”。他结识了附近有着同样病情的病友，交换心得，一起锻炼，从来没有怨天尤人，他每天都希望自己能变得更好，希望有一天能重新回到熟悉的工作岗位。

父亲的步伐变得缓慢而沉重，他每走一步仿佛都要用上浑身力气。由于无法正常活动，他的左腿肌肉慢慢萎缩，左脚踝也呈现出异样的扭曲。高帮的运动鞋是他唯一的选择，独自爬楼梯也成了奢望，更不用说山城里独具特色的陡坡。

但不管在什么时候，他始终没有放弃锻炼，就如同他一直坚持的那样。

生活的节奏越来越快，我们总想迈着大步前进，念着能早日出人头地。父亲却用他的实际行动告诉我，步子在稳不在快，欲速反而不达。每当我急于求成、毛毛躁躁，眼前便会浮现出他摇晃斑驳的身影，像寒风中的一棵小树，却能带给我无比巨大的力量。

注 此文获国网山西省电力公司“我的父亲母亲”征文三等奖

国网阳泉供电公司

李晶晔

写封家书，等着“安德烈”的来信

收拾家的时候，看到了小时候的影集，还有爸爸妈妈为我记录的“宝贝成长手册”，刹那间感慨时间如白驹过隙的同时也在惊讶生命的神奇。我已然不再是那个嗷嗷待哺的宝宝了。爸妈记录着“看看女儿，听听你的声音。起初，你总会兴奋地叫着爸爸妈妈，会抱着我们，乖乖地说：‘亲亲，妈妈。亲亲，爸爸’；慢慢地，你不再这样，聊几句就会嚷着要玩积木；而今，已需再三催促下才会说‘妈妈，亲亲’就匆匆跑开。这时，爸爸妈妈总免不了有些失落、有些难过，路路，你还是长大了。”看到这里，还是没控制住泪水。

独自一人躺在沙发上，不禁想起了曾读过的《亲爱的安德烈》，这是一本书信集，刊载的是台湾学者龙应台和她儿子安德烈之间往来的信件。安德烈是生长在德国的十八岁男孩，在他十四岁时，母亲离开了他，前往台北任文化部长；四年后，她卸任回到儿子身边，母子间却已有了一堵墙。她感到儿子爱她，却不喜欢她，他们成了相差三十岁的“两代人”。为此，龙应台沮丧得不知所措。后来，她开始给儿子写信，和他探讨年轻人的音乐、成人世界的左派右派，谈政治谈信仰……终于走进了对方的生活、世界和心灵。龙应台“认识了人生里第一个十八岁的人”，安德烈也“第一次认识了自己的母亲”。

我的抽屉里仍存放着大量上学时父亲写给我的信件，有厚厚的一摞。父亲不善言辞，又比较“古板”，所以一直坚持要给我写信直至我工作，父亲的来信极像《傅雷家书》，没有华丽的辞藻，但饱含拳拳的爱意，在琐碎的问候中，写满了牵挂和惦记。除了关怀，父亲的来信中最多的就是谆谆教诲，励志的警句名言在父亲的来信中随处可见，倘若交流中我流露出些许倦怠，他就会像对待出轨的列车，在下封来信中予以匡正。也许是不喜欢父亲信中的说教、也许是我认为所谓的代沟本就无法逾越，终于，我的回信越来越短、越来越少，最后竟止于手机流量开始普及的2010年5月，那一年，我大三。在之后的五六年里，父亲就在我有意无意的“不屑”和“不喜欢”中渐渐老去，虽然外人看来还是很年轻的模样，但是两鬓的斑白却没办法说谎。我明白，我何尝没能像安德烈一样，倔强而又坚持地向父亲展示自己的世界？像安德烈一样，自信而又诚恳地倾听父亲的建议？还好，我和父亲没错过倾听彼此的最佳时光，现如今，逐渐老去的父亲已经没有了说教的力气，取而代之的是他对我愈加依赖和不可分割。

我知道，我也会成为母亲，未来我的孩子，也会逐渐有自己的世界，会像哥哥姐姐家的孩子一样，故意涂污家里的墙壁，会在厨房米缸里

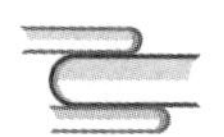

玩“沙子”，会坚持要自己想要的东西而不管父母的态度，也会慢慢地学会抗拒，而父母的坚持，只会引来更激烈的反抗。慢慢孩子也会有自己的小伙伴，他们所热衷的事情常让大人摸不着头脑，一个不留神，父母就与他们有了隔阂。孩子的世界就像伸进自家后院里带刺的滕蔓，等你发觉他有些扎手时，它早已盘根错节，难以修葺。每个父母都想在孩子的世界里保持着充分的存在，按照自己的意愿去修剪孩子世界里疯长的野草，但孩子的叛逆常常让父母事与愿违，无功而返。

面对孩子的淘气，龙应台的做法是，在得知儿子酗酒抽烟时，她觉得，让安德烈明白醉酒后的难堪远比去抢夺他的酒瓶有用；和安德烈一起讨论有趣的话题，自然会把他从空虚的烟圈里拉回。的确，在孩子的内心世界里，父母的威严不一定管用。如中国传统般灌输：“一粥一饭，当思来处不易；半丝半缕，恒念物力维艰。”这种口诀似的警言，孩子也许不会当回事，要想真正与他们亲近，我想，应该是需要倾听、感受孩子的世界。

安德烈说：“我跟我的母亲，有了连结，而我同时意识到，这是大部分的人一生都不会得到的‘份’，我却有了。”我终于懂得，平等的爱是家书永恒的主题，父母和孩子间没有所谓的鸿沟，只要你愿意走进对方的世界。未来，我和我的孩子终将成为相差近三十岁的“一代人”。

几年间，我没错过安德烈的那一“份”；再过十年，我也一定不能让他错过。写封孩子喜欢的家书，静静地等着“安德烈”的来信。

注　此文获国网山西省电力公司“我的父亲母亲”征文三等奖

国网太原供电公司

刘永正

一件大衣的不二情缘

父亲坚毅执着，是我灵魂的塑造者和引领者。

在我衣柜深处的角落，一直平整地珍藏着一件 20 世纪 70 年代的男式呢子大衣，拎起来有十多斤重，藏蓝色、斜条纹、大翻领。以现代人“高大上”的审美眼光和追求“轻薄柔美”的着装要求来看，无论是款式，还是色彩，它都像一件刚刚出土的文物，看着让人别扭，难以融合到这个时代，更不屑于去穿着。但就是这件大衣，搁在 1970 年代，绝对是那个时代注重穿着、讲究生活品质的男士的标志性服饰，如果家里能有一件这样的大衣在衣柜里常年挂着，等到秋冬时节穿上它在大街上走一圈，一定能够赚足回头率，惹来无尽艳羡的目光。因为这种大衣，在当时的售价是一个国企职工 3 到 4 个月的工资，换到现在，价格顶得上一件皮草。而我的这件，也许还会更贵一些，因为它就像电影《老炮儿》里冯小刚饰演的六哥在颐和园后湖上与人打架，作最后一搏时穿的

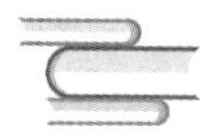

那件将校呢一般厚重和珍贵，不过，在我心里，它的质地和款式已经超越了六哥的那件。

这件大衣有些故事，它是父亲的。

1994 年的冬天，来得比往年的冬天略早一些，但寒气很重。11 月的某一天，呼啸了一夜的大风以及大片的雪花把太原这座拥有 2500 年历史的城市一下子拽到了严冬时节。那个时候，我刚刚上高中，身形瘦削，身高已经一米七二，每天都要骑着自行车赶到学校去听课。

我从温热的被窝中被叫醒，一如往常地洗脸刷牙，风卷残云一般地吃完早饭，拉开门准备去上学。一出门，立刻被寒冷的空气逼退，下意识地朝里屋喊了一句："妈，天真冷，把我的羽绒服给我，昨天还没这么冷，今天一下子就成了冰窖子……"母亲"好"地应了一声，立刻转去为我寻找冬衣。就在这个当口，一向严厉少语的父亲冲着我说了一句："孩子，你过来。"他一边说、一边上下打量着我的身材，像是在目测着什么，然后，自言自语地说道"和我年轻那会儿身材差不多，差不多，能穿起来了。"随后，父亲对母亲说："去把我的呢子大衣拿来，让孩子试一试。"母亲听了，顿了一下，用怀疑的语气反问父亲："他，会穿吗？现在的年轻人，不比你那会的。""去，拿去，他肯定穿。"父亲的回答不容置疑。

片刻之后，母亲从父亲的衣柜中郑重地取出了一件厚重的深蓝色衣物捧到了我的面前，看上去非常地整洁，似新的一般。抖开来，是一件保存得很完

好的旧式长款大衣，下摆过膝。父亲接过大衣，说：“这可是呢子的啊。”一边说着，一边为我认真“披挂”起来，那肃穆的表情俨然是一位元帅在给一名将军授勋。我不由得“扑哧”乐出了声：“爸，这是什么，这么重？快把我压垮了。”我扭捏挣脱着，好像生怕这身“盔甲”碰伤我似的。“不错，不错，我还怕你的身量撑不起来这件大衣呢！看上去还蛮合适的，不过，你要是胖一些，这大衣看上去就更合身了！”父亲为我穿戴着，小心翼翼地轻拍着大衣，那样子让当时的我觉得多少有些滑稽。

站到镜子前，我仿佛变了一个人，仿佛一下子穿越了整整二十年，成为一个 20 世纪 70 年代的文艺范儿，展展的一件大衣套在了一个稚嫩的生命体上。“这样子太老土了，我不穿，同学们会笑我的。”我说着，忙去解开大衣的纽扣，准备甩脱这身“束缚”。“就穿这件，又暖和又威风，配得上你这个年纪的小伙子，爸爸当年想有一件这样的大衣都是奢望。”父亲的眼睛似乎有些湿润，口气近似命令。

“我不穿，妈，赶紧的，把我的羽绒服给我，我要迟到了。”我斩钉截铁地，催促着、拒绝着。不等我继续，父亲用他的大手立即摁住了我试图脱掉大衣的手，有力且不容反抗。我看一下表，再不走就迟到了，只好裹着大衣跑出了家门。

这件大衣的确是重，但做工颇为精致，也确实暖和。在去学校的路上，刚刚骑行了十来分钟，我已经沁出汗珠。由于大衣下摆过长，每蹬一次脚蹬子，我都倍感吃力，遇到上坡，这种感觉愈发明显。慢慢地，抵触这件大衣的情绪开始滋生，看着街上往来穿梭的穿着轻便羽绒服的红男绿女，我感觉自己像一个原始人类突然闯进一个现代文明社会，总觉着看到我的人似乎都在对我指指点点和讪笑。

好不容易撑到学校，冲进教室坐将下来，果然不出所料，我立刻被几个要好的同学围了起来，问话有如潮水一般涌进了我的耳朵，躲也躲不及。

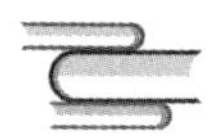

“哎呦，这，谁呀？大衣哥？把古董穿出来了？”一个男声飘了过来。

“这衣服，哪里淘换来的？旧货市场？”一个女声。

“真难看，你没衣服了吗？哈哈。”又是一个男声。七嘴八舌，不和谐的声音此起彼伏，让人浑身不安。

瞬间，我脸红得发烫，把头深埋下去，像一只受到惊吓的鸵鸟。

没有一个同学为我解围，有的只是玩笑和戏谑，我恨不得把教室的地板撕开一条裂缝，一下钻进去藏起来。索性，我脱了下来，胡乱一叠，坐在了屁股底下，大衣的一侧下摆还被我故意踩在了脚底下，我想用这种方式撇清我俩的关系。“走得急，胡乱拿了一件，胡乱拿了一件，不知道是我爷爷地，还是谁的。”我慌张地掩饰和敷衍着。

一个上午的四节课，我都没有心思听，脑袋里一片乱哄哄的，一直反复埋怨着父亲为什么非要让我穿这样一件“怪物制服”。中午放学，等同学们都走了我才夹着大衣出了校门，心情异常的沉重，一看到它，气就不打一处来，仿若仇人相见，狠狠地叠了几下，随便把它丢弃在了车筐里。

单薄的衣服让我在寒冷的冬日里筛糠一般颤抖，但我就是执拗地拒绝了近在咫尺、可以立即带给我温暖的呢子大衣。

离家越近，委屈、受辱、愤怒的情绪越发高涨，如无法遏止的洪水开始泛滥。

一开门，我赌气一般一下子把大衣用力地甩在了沙发上，径自快速地回到自己的房间，嘟囔着：“说不穿，非让穿，看看看，人家都在笑我了。这下你开心了哇！”这些话，我是故意冲着父亲的，然后重重地关上自己的房门、插上插销，心情坏到了极点，不想见任何人。

中午吃饭时，我以绝食表示抗议。任凭母亲一遍遍地捶打房门，呼喊我的名字。

隔着门板，没有父亲的声音，只是听到母亲埋怨父亲的语调渐渐高亢；

而我，则是双手枕在脑后，仰望着天花板，以一种报复父亲的心态听着母亲数落父亲，心里赌咒发誓再不去碰触那件带给我屈辱的大衣。也许是天气过于寒冷受了风寒，晚上，我开始发高烧，连续病了几天，没有去上学，只是依稀记得听母亲说过，父亲把那件呢子大衣认真仔细地叠好，物归原处了。

这件事情，好像在我和父亲之间结了个疙瘩，处在青春叛逆期的我一直怀疑父亲让我穿他大衣上学的动机是否是想让我在同龄人当中出丑。父子之间，似有了一层说不清道不明的东西膈应着。骄傲的我，也一直期待父亲能在某一天给我一个说法。

就这样僵持着。一直过了 20 年。

此后 20 年间，父亲都没有给我解释过这件事情，也没有再让我看到过那件大衣。我也逐渐淡忘了。20 年中间发生很多事情，我上大学、找工作、娶妻生子，为人夫、为人父、事业发展、仕途渐进，也如当年的父亲那一般，为自己爱的人撑起一片天空，但在遭受人生的挫折和痛苦时，我总觉得自己始终无法复制和重现父亲青年时代的果敢和坚毅。

父亲一天天老去。2015 年，终将是刻入我生命印象中最为惨痛的一年。这一年 1 月 9 日，父亲突发脑梗，昏迷数日醒来之后，已不能言，四肢也无法动弹，坚持和抗争了半年，还是带着无限遗憾和不舍撒手人寰，我们这一世的父子情缘也就此画上了句号。在我和母亲及哥哥们服侍他的最后一段时光里，我分明能够感觉到他看我时目光的异样和特别。

处理完父亲的后事，等到母亲的情绪逐渐平稳之后，我把自己当年的疑惑向母亲和盘托出，似乎，不说出来，我会依旧像个愤青一样激动，不会原谅父亲那时非要让我穿他呢子大衣的那份执拗。母亲也已迟暮，颤颤巍巍地从衣柜中取出一个精致的衣服盒子，打开来，一看，竟是那件久违的呢子大衣，20 多年了，依旧叠地整整齐齐，好似一块方砖。

睹物思人，我无语、困惑，眼睛发红发酸，转向母亲寻求答案。

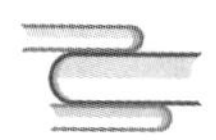

母亲深情地望了我一眼，眼皮眨了一眨，嘴角抽动了一下，说："唉，其实你们父子两个，一样的倔强。你爸对你期望很高。他特别上进要强，虽然十四岁上就没有了爹娘，但从小在你爷爷影响下，一门心思地酷爱着写书法，倔强地传承着他书法世家严谨求实的家风，无论多苦多难，都从不放弃。凭借自己的努力，你爸从农村考到了省城太原的重点中学，在这方土地生根发芽，养育了你们三个孩子。在他和你差不多大、最需要父母关爱支持的时候，从来没有穿过一件像样的衣服，与有父母的孩子的境况完全不一样。他以前时常跟我讲，他求学上进那会，除了学校的一点助学金和奖学金，没有任何多余的可以供他支配的钱，冬天穿的还是缀满补丁的单衣，周末回农村的家全靠双腿，一走就是整整一夜。直到参加工作有了收入，也是一身工作服伴随一年四季。但是，你爸对物质的要求非常低，却始终钟爱着自己的书法事业，勤学苦练，直至学有所成，名传四方。有一年冬天，你爸送去北京参赛的书法作品获得了评委专家的认可并被国家文化单位收藏，在去北京领奖的前夕，他特别兴奋，高兴得像个孩子，硬是拉着我跑遍了省城大大小小的服装店，反复比较和挑选，最后临上火车前几个小时才确定买了这件大衣，花光了当时家里的全部积蓄。"

"你爸就是穿着这件大衣到北京去领奖的。回来以后，就没有见他冬天再穿过，我问过他买下为啥不穿，他说平时不能穿，舍不得。"

我愣在那里，不知所措。眼前仿佛出现了父亲穿着呢子大衣、夹着他心爱的书法作品昂首挺胸走在北京长安街上的样子。

"后来，生活条件逐渐好转，你爸还是舍不得穿他那件宝贝大衣，当成稀罕物件收藏着，说是要把衣服留给你，让你穿着它，和他一样，去建功立业。可是，你上高中那会儿，哪有这样的体会和思量，也怪他没把这话说透，他说有一天你会明白的，这件大衣会成为你对他一辈子的念想的。你现在的条件不知道要比他小时候强几百倍，让你一定不要荒废光阴，一定要在专业方面有所建树，一定要成人成才。”母亲说完，泪水已经喷涌而出。

我，忽然之间，觉得自己错过了一次本应该在1994年就应该完成的成人礼，欠下父亲的这一笔债啊，今生也已经没有机会再作偿还了。

摩挲着这件大衣，后悔、自责、痛心，反复捶打着我的灵魂，一件大衣，那是父亲对我深厚的期许和关爱，这是他精神的衣钵，可我，当年却以特有的倔强误会了父亲，并且20多年都没有主动寻求一种方式去安慰和理解父亲，冰释我们之间的那一点误会，作为人子，我的心止不住地颤抖。

2015年的冬天，天气依然寒冷，我把父亲20多年前希望我穿着的呢子大衣认认真真地穿戴了起来，走在熙熙攘攘的人群中，我内心是满满的温馨和骄傲，不再在乎别人的议论和眼光，尽管它依然厚重，但在我身上，已经成为一份荣耀和责任。

2016年，我把自己成长的故事分享给了正在成长中的女儿，也许她听得懵懵懂懂，但不负光阴，求知上进，已经成为我们父女心中的共识。让我欣喜的是，看上去，女儿眉宇间的神采依稀带有父亲的坚毅和果敢。

我相信，我们会续写好属于这件呢子大衣的传奇，它已经不再是一个普通的物件。父亲的良苦用心亦不会白费。他在云端，看到也一定会笑出声音的。

注　此文获国网山西省电力公司“我的父亲母亲”征文优秀奖

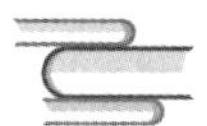

国网晋中供电公司

杨泉艳

给母亲报个平安

每天晚上下班回家，总能收到母亲的电话，母亲好像踩着点似的，不是刚到家，就是在开门的一刹那，母亲的话语不多，常说的就是那句话：“到家了，到家了就好。”父亲说这是母亲每天的必修课，如果哪天母亲打电话家里没有接，母亲就会坐立不安；但是母亲很少给我打手机，因为母亲说，路上不安全，如果坏人听到包里的手机响，就会抢我的手机，这样就会危及我的安全，可怜的母亲宁愿自己忍受焦虑不安的煎熬，也不愿我受任何的伤害。

母亲是一个乐观、善良、勤劳、乐于助人的人。记得我小的时候，父母两地分居，父亲在电厂，我和母亲在农村。母亲是一名乡村教师，那时候，农村整体受教育程度低，母亲就成了村里有名的文化人，替人家写信，读信占据了母亲工作之外的大部分时间；母亲还继承了外公家传的针灸，谁家有个头疼脑热的母亲总是尽力帮助，所以，我小时候尽

管是同龄人中为数不多的独生子，但是家里经常是迎来送往，从来没有感到过孤独，母亲总是说送人玫瑰手留余香。母亲自己一直过着很节俭的生活，多年来，母亲舍不得给自己添置新衣服，我们要是给母亲买上一件，母亲也总是责怪我们太浪费，有穿的就行了，何必这样奢侈呢？但是，村里的亲戚、朋友谁家要有什么困难，母亲总是倾囊相助。记得 1988 年，亲戚家盖房，钱不够，来家里借钱，母亲毫不犹豫把家里准备买冰箱的钱借给亲戚，而且还承诺如果没有就不用还了，为此，我和母亲生了好长时间气，因为那一年，我正好考入大学，原来母亲说好的，我不能经常在家吃饭了，有什么好的吃的，母亲就放在冰箱里，等我周末回来吃，可是，钱没有了，冰箱也买不成了。母亲当时就严肃批评了我，冰箱可以以后再买，可是亲戚家没有这二千元钱就办不成事。若干年后，我理解了母亲的良苦用心，以至于这种品质一直影响着我，甚至影响着我的爱人、孩子。

等我长大到了上学的年龄，母亲为了让我受更好的教育，忍痛割爱，让我跟父亲来城市求学。我离开小村的那一天，父亲用自行车载着我已经走得很远了，母亲还一路小跑地跟在后面，那动人的一幕永远铭刻在我心里成了我挥之不去的记忆，30 多年过去了，我仍然清晰地记着。父亲由于工作繁忙，很少管我的学习，以至于后来成绩一落千丈，没有考上母亲认为的理想大学，成了母亲心中永远的痛楚。母亲一想起这件事心中就充满了遗憾，所以母亲在外孙女身上倾注了大量的心血。功夫不负有心人，2015 年，女儿以榆次区文科状元的身份考入南开大学的时候，母亲高兴了很久，母亲说，这圆了我们三代人的名校梦，也弥补了当年在我身上的遗憾。

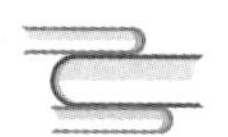

母亲为我们这个小家付出很多，为了让我们有更多的时间投入工作中，母亲主动承担起照顾小女的义务，女儿病了，母亲经常彻夜无眠，不管是家庭成员的任何一点成绩，母亲都要记录，女儿的每一张奖状、每一份成绩单，都要分门别类地整理成册，我和爱人在每张报纸上发表的任何一个作品，哪怕是一小块“豆腐块”母亲都要认真研读，然后，按时间顺序给我们保存。

母亲喜欢看文学作品和医学书籍，并且有做读书笔记的习惯，每一本书上的好词好句她都要记在自己的本子上，母亲说：“知识在于积累”，受母亲的影响，我的女儿从小手不释卷，经常废寝忘食。尽管 70 多岁的母亲身患高血压、心脏病，但一直保持乐观的心态，除了积极配合医生进行治疗外，母亲还每天坚持听健康广播，自学保健按摩知识，几年下来，病情一直很稳定，医生说这是医学上的奇迹，我想这和母亲乐观、积极、坚强的性格有关。

母亲节到了，女儿说：“我送妈妈礼物、妈妈送姥姥礼物。”给妈妈买什么呢？其实父母年龄大了，不求儿女取得大的成绩让他们光宗耀祖，不求儿女给他们回报，只求子女平安，每天记得给母亲报个平安就是母亲节最好的礼物！

注　此文获国网山西省电力公司“我的父亲母亲”征文优秀奖

国网太原供电公司

赵　鹏

父辈的旗帜

——两代国网情、一个中国梦

这段时间，秋雨连绵，房间里面多了份潮气，闲暇的时候就整理了书柜，偶然间翻到了父亲工作前赠我的一本书籍，是他在国网临汾供电公司安监部时所写的安全教育书籍，书虽然上学时就曾经翻过，但想来年少无知，觉得电力工作不过如此；如今踏入工作岗位，再读一遍，真是后悔自己当初太过“聪明”了。

回想小时候，父亲总在站在我的背后呵护着我，从未告诉过我有关他工作的一切，直到我前年参加工作，和父亲一样也成了一名电力工作者，才让我察觉到了他刻意隐藏的另一面。我这才明白，为什么我上小学时逢年过节家里欢聚一堂吃团圆饭的时候，父亲总会缺席——因为父亲是一名电力调度员，为了保障万家灯火，他必须坚守坚守岗位。到了我上初中时，父亲远赴在姑射山间的汾西县供电公司工作，肩上的担子更重

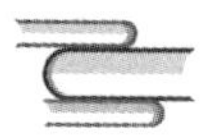

了，他忙得更是顾不上家，节假日、双休日加班是经常的事情；我中考完后，父亲回到了临汾供电公司安监部工作，我想他终于有时间可以多陪陪我们了，岂料他却比我还忙，成立安全纠察队、编写安全生产书籍……他书房里的灯光，总是熄灭得比我都晚，我们家里好像又多出了一个高考考生。

到 2007 年高考结束后，我便去太原上了大学，回家的次数越来越少，但因为学习了电气专业，对父亲工作的印象却是越来越深了。每每回家，我都会悄悄地观察父亲，翻他案头的书籍和笔记，从调度到汾西、从安监到人资，父亲的岗位换了一个又一个，笔记也写了一本又一本，他的脾气越来越好，在家陪我们的时间也越来越多，可是唯一不变的，还是他工作中认真思考问题眉头就皱成的那个“川”字。

2011 年 8 月，我从学校毕业，从事了和父亲一样的行业，正式成为了一名输电运检工。去单位报到的前一晚，父亲嘱咐我：“输电工作要吃很多苦，但你既然干了，就要认真负责，做一个合格的输电人。”这句话，我一直记在脑海。

初来乍到，我这个“新兵蛋子”对输电线路不甚了解，班长知道我的情况，就带着我，将所辖线路进行了逐一巡视：耐张杆塔、复合绝缘子、跨河沟……每到一处他都会细致地给我讲解杆塔的整个情况，并耐心地回答我的提问。20 条线路、350 公里档距路程、365 个日日夜夜，巡视的线路已经变得越来越熟悉，登塔检修也已经变得不再让我畏惧，一天一天的积累沉淀让我褪去了学生的青涩，锻造出了一个和之前完全不同的自己，也让我真正明白了父亲过去工作的艰辛。

我还记得在古交巡视的时候，那种辛苦，不是常人

所能体会得到的。无论酷暑严冬，还是风霜雪雨，我们都要翻越沟壑，披荆斩棘，在荒无人烟的大山检查铁塔以及线路的运行情况，到了饭点，就只能在大山里啃着自带的干粮，吃完后来不及休息就得继续巡视，因为要珍惜白昼的时间尽快完成工作，争取在天黑前下山……

我还记得夏天在冶南线安装在线监测装置，因为装置重量大、安装经验匮乏，我们在铁塔上一干就是数个小时。塔上空间狭小，我们安装时经常不得不弯腰伏在横担上，浑身动弹不得，只能任凭背上烈日烘烤，汗水一滴滴地打在塔材、角铁上……

这就是输电工作的缩影：那是暴风雨中冲刷的基础前抢修的有力双手；那是在冰雪中监测导线舞动的坚毅目光；那是在大山深处寂静的夜里抢修时传来的铿锵有力的金属撞击声；那是在烈日下的巡视路上输电工人洒下的如雨汗水！

30 年，一半甲子，两代人，一个电网。30 年前，我的父亲成为了山西电力的一个调度员；30 年后，我把根也扎在了铁塔盘绕、银线跳跃的黄土高原。接过父辈的旗帜，我们可以清楚地看到，智能电网、特高压工程……今天已经在黄土地上展现出光辉的前景，坚强智能的山西电网，就在可预期的未来！

过去 30 年，我们的父辈经历了磨难，也见证了过去 30 年中国的巨变；未来 30 年，实现中国梦，推动中华民族伟大复兴的历史使命则落在了我们肩上。历史的长河中，再长的生命也只是一瞬，一滴水只有和洪流结合才会有力量，个人梦想只有紧紧的与中国梦、民族梦相连才有生命力。重任在肩，青春的我们必将披荆斩棘，在电力系统的各个岗位上篆刻这个时代的印记，为中国梦的实现注入更强大的力量！

注 此文获国网山西省电力公司“我的父亲母亲”征文优秀奖

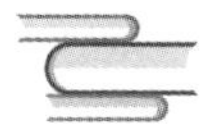

国网太原供电公司

高　彤

千山独行——我的父亲

一曲东方破，觞尽了游人的情思哀绪，伴着月色，阵阵晚风吹动着这喧嚣的都市，枕着我的梦，在这寂静处，划过我的心尖，泛起家的思念，那些温情的画面，生动而跳跃，正西风夜雨，遥望家父，今夕不眠中……

——题记

一、父亲的智——行成于思

还记得儿时的我，曾经也在田间山路嬉游畅玩，每每想起当初，便觉自然和亲切。懵懂的年纪多了一份天真无邪，却有惬意盎然伴着和风轻轻拍打我的脸庞，舒爽而沁人心脾。在我记事起，我对父亲便很畏惧，这可能跟他是名教师有关吧，换句话说，我的父亲也算二十世纪七十年代恢复高考之后第一批考上大学的学子之一，自带几分治学的严谨和端重，不免让人敬畏，何况我当时还是个孩童。小时候的我，机灵中带着几分调皮，总是和小伙伴们在外面玩到很晚才回家，虽然母亲经常骂我两句，但父亲从来都是静默状态，这也助长了我的小气焰，不断地挑战父亲的耐性。有次我把家里的烟偷出去和小伙伴们抽，其实也不叫抽，小孩子嘛，总是对一些大人的行为感兴趣并模仿，晚上回了家，我父亲只是问了我一句，你下午干嘛去了？我撒谎说出去和小伙伴们踢足球了，父亲的脸色微变但未发作，而是把我从学校里领回来，不让我去上学了。乍一开始，我还赌气，不去就不去，还可以好好玩，我父亲也不说，也不让母亲骂我，就这样大概过了三天，我终于憋不住了，感觉再不上学我会疯掉的，我父亲只问了我一句："一个连说实话都不敢的人，接受教育没有什么用，你就在家无忧无虑地玩，爸爸也不怪你，好吧？"那一刻，直到现在我还记得，恍若就在昨日，我当时虽然小，但父亲话音刚落，我已泪流满面，主动承认了错误，并且暗暗发誓，绝对不能再说谎，要做个诚实的人。这就是父亲的智慧，从不以批评和棍棒教育孩子，而是从他省到自省的教学之道，在以后的日子里，父亲的这种智慧，也一直贯穿于对姐姐和我的教育之上，姐姐研究生毕业，我也大学毕业，都顺利踏上了人生新的台阶，也算遂了父亲的愿。

二、父亲的悌——事必躬亲

老人们常说，有隔辈遗传这一说，的确如此。我爷爷喜欢看大戏、说戏文，而我呢，也钟情于国学历史，浸染多年，虽小有不成，但爱好使然，总会找上一堆话题跟我爷爷侃上好几天。父亲少言寡语，总是看着我们爷孙在家里说些他觉得不着边际的东西，但父亲每次带我去看

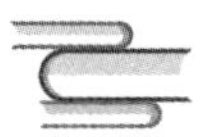

爷爷，总会给爷爷奶奶洗衣服，有的时候给爷爷理发、给奶奶洗脚，这些习惯，在我的脑海里一直像过电影一样反复播放，至今未有间断。我有三个姑姑，还有一个叔叔，父亲在家排行第二，听爷爷说，以前家里穷，所以我的大姑和二姑都没有完成学业，全力供我父亲和我叔叔上学，兄弟二人还是挺争气，双双考上了大学。但我爷爷对两个女儿心中的亏欠和我两位姑姑永远的遗憾，我父亲心知肚明，在以后的日子里，只要姑姑家有困难，都是义无反顾地施以援手，时时不忘姐妹的情意。2012 年 1 月 13 日，我大姑因事故不幸离世，送葬之时，父亲哭成了泪人，还得把相关事宜安排妥当，让远在他乡的二姑和小姑放心照料家里，不用奔波暗殇，我看到的是父亲的坚强，长兄如父，我叔叔坚定地听从父亲的安排，没有把这个噩耗告知爷爷和奶奶，因为他们身体本来就不好，就这样，这个善意的谎言在我们这个大家庭坚持了三年，仿佛一条家规一样，不需要特别强调，每个成员默默地坚守，直到去年六月，父亲觉得时机成熟，便把此事告知了爷爷，爷爷并没有责怪父亲，我后来也思考这件事，也许有些东西真是骨子里的传承，不需要过多地解释，便会理解了。今年春节，全家人欢聚一堂，堂妹顺利被大学录取，而姐姐也已完婚，父亲高兴得像个小孩，给爷爷敬着酒，不时地招呼我给爷爷和叔叔倒酒，全家人脸上洋溢的是满满的幸福和满足，我也浸没在这汪温馨的海，突然折服于父亲所一贯坚持的这种于父母、于兄弟、于交友的忠悌和厚谊，我们可以回归爱的本源，接受爱的召唤，把大写的爱留在自己亲人身边，而这些，必然伴我一生且受用无穷。

三、父亲的德——宽怀体仁

“还记得年少的梦啊，是多永远不凋零的花，陪我走过那风吹雨打，看世事无常，看沧桑变化……”这是我父亲的工作时所用手机的来电音乐，一段《爱的代价》，每次听到，总是感觉在娓娓道来这阅尽生活的沧桑和从容。

我父亲在教育局工作了快二十年，办公室里的人走了一拨又一拨，但他从来都是一个管理理念，有什么活，大家都不想干的他自己干，我记得有一次，科里下来一个培训班的计划，需要报一个人员去省厅参加培训学习，为期三天。父亲督导科里有五个员工，其中三个去市里文明办帮忙了，只剩下两个人，一个女孩一个男孩，女孩挺着大肚子，也的确是走不开，男孩的母亲生病从乡下来住院需要陪护，最后父亲谁也没有安排，选择自己去参加这个培训，他回来时跟我说，大家的确都有事情，我就克服一下吧，孩子们也不容易。我和姐姐工作时间都不长，难免会把一些工作上的不快和情绪倒给父亲，每次都是父亲耐心地开解我们两个，并且总是会引导我们两个去换位思考，让我们理解并接受这种角色的安排，姐姐当了老师也是偶尔抱怨职业的苦闷，而我总是习惯性地表达下自己的不如意，对于这些，父亲是看在眼里，但从未袖手旁观，首先从思想上让我们提高认识高度，然后给我们提出切实可行的解决办法，慢慢地，在父亲的精心“陪护”下，我们姐弟在工作上逐步也站稳了脚、立住了心，想一想，父亲在其中之功何止尺寸！

说起父亲，万言亦不足道，蒋纬国先生写过一本回忆录，名为《千山独行》，我觉得作为我此文的标题甚为恰当，因为父亲在我心中是一座不可攀及的峻岭，他自己担当并守卫着身边很多人，伟岸而挺拔，对山这个意象的演绎和诠释使得很多文人雅士在青史留名、为时代流芳。譬如“采菊东篱下，悠然见南山”的陶渊明，后人看到“南山”，便在脑海中情不自禁地描绘出菊香漫山的田野风光和陶潜不沽名的气节高贵；譬如“七八个星天外，两三点雨山前”的辛弃疾，平淡之中对恬静生活的向往和壮志未酬的抱憾便能在轻云小雨的山前有所释然；譬如“两岸猿声啼不住，轻舟已过万重山”的李太白，生动地描绘出轻舟驶过惊涛骇浪、千山万岭时诗人轻松喜悦的心情。而我，望着这些褶皱的脉络，或雄奇、或秀丽、或险峻，总会想起父亲在我心里的形象，挺立而坚毅，这就是父亲的风骨。

父爱如椽，撑起了家的梁鞍；父爱如河，滋养了孩的源田；父爱如歌，唱罄了梦的交响。也许皱纹开始爬满脸庞，也许身躯不再端直，但在子女的心里，时光带不走父亲的伟岸与豪情、责任与担当。父亲不但是位仁者，更是位智者，总能让我和姐姐感受到他阅历之厚和人性之美，就像大山在诉说着什么，吸引我们去驻足和倾听。父亲带给我们的思考就像一个孤独的行者，或刚毅、或坚韧、或悲怆、或浩然，总有这么一股精神气度，默然倾诉、寂静前行，而留给我们的便是追寻和传承。

注　此文获国网山西省电力公司“我的父亲母亲”征文优秀奖

国网晋中供电公司

高 红

爱的传承

想写我的父亲母亲很久了，可是每每想到那些触动心灵的瞬间，总是手未动泪已涌，包括前些年《山西晚报》记者要来采访父母亲，也被我谢绝了。这几天，看到那么多关于父母、关于爱的描述，不由湿润着眼眶开始动手。

父亲八十二岁，母亲七十九岁，还有外婆，一百岁！

9 年前外公去世后，外婆就跟着父母一起生活，好在外婆身体很好，早几年连感冒之类的小病都没有，三个老人住在自家的小院里，春天在一小块地里播种，夏天在院里的两颗枣树下纳凉，秋天品尝自种的蔬菜、屋顶打枣，冬天踏雪逗狗遛鸟，老两口偶尔拌拌嘴闹点意见也是家常便饭，母女间聊起上个世纪的家长里短时免不了长吁短叹，日子温馨而惬意。常回家看看的我们怡然自得的欣赏他们相扶相伴，以为生活就会这样细水长流。

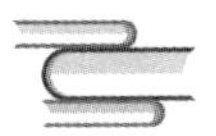

2012年外公的生日那天，外婆毫无征兆地顺着床沿滑落，就再也没有站起来过。经医生诊断是轻微脑溢血，如果是年轻人经治疗是完全可以康复的，但外婆已是期颐老人，连续输了几天液后，手脚就再也找不到注射的地方了，只能依靠按时吃药了，疗效一直不明显。好强的外婆一直不甘心，每次我们回去总是让扶她下地，要试着重新站起来，失败后总是喃喃地说："就这样了吗？真的就这样了吗？"开始的几年她还能坐起来，我们支个小桌让她自己吃饭，大小便也是在床上自己解决，母亲帮着倒掉就可以了。这样过了3年，2015年的夏末，外婆再也没有力量坐起来了，吃喝拉撒全得靠人照顾。

百善孝为先，从外婆卧床开始，以进入耄耋之年的父亲母亲用他们的行动诠释着这一流传了千年的中华美德。

母亲是外婆唯一的女儿，现在侍奉外婆成了她生活的全部。我们早就想找个保姆照顾三个老人，但是母亲说什么也不同意，认为自己身体还行，雇保姆会让人笑话的，去年以前，外婆的饮食起居都是母亲照顾，从早到晚，母亲一直在忙碌，外婆床前是她停留最多最久的地方。

母亲好动，是寿阳县老年门球协会"五朵金花"之一，外婆卧床前，每天母亲都要去打门球，一到时间就要回家，门球场的老姐妹们总要挽留，母亲会自豪地告诉她们："我得回家给我妈做饭！"引来一阵羡慕：七十多岁了还能陪在妈妈身边！好多年前，每年父母都要出去转转，包括中国台湾、泰国都留下他们的身影，而现在，哪怕我说领母亲去上街逛逛她都拒绝，但我总能捕捉到母亲眼中稍纵即逝的渴望，传统庙会、春暖花开，我总

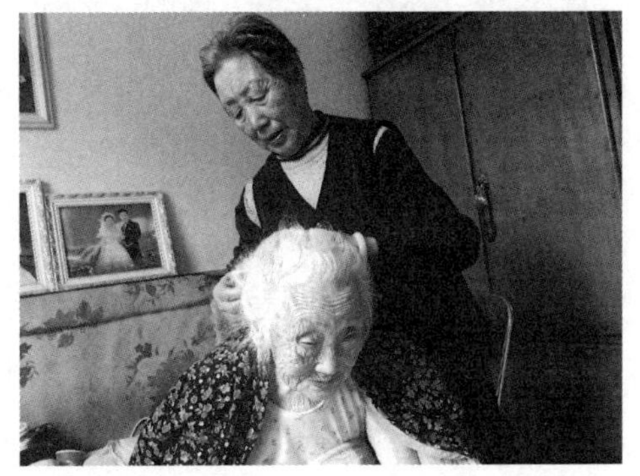

是软磨硬泡拉着母亲出门，看着母亲像个孩子似的兴奋地左瞧右看，我想哭……

母亲执拗，是单位的退休职工，如果上班时间我要回家是会招来一顿训斥的。有一年的腊月二十八，我中午去擦玻璃，两点半的时候母亲就让我别干了催着我快去上班，别迟到。母亲老了，不明白我总是捧着手机在干什么，可是当手机有声音传出还总是提醒我快看看，是不是单位有什么事，别耽误了。母亲总是希望我们回去，有事的时候总是在电话里窃窃的问："有时间吗？"坐在母亲身边，母亲总会埋怨阴雨天气里我穿衣太少，总是拿出不知放了多久的零食推到我面前，总是静静地听我和别人说着她听不懂的话题，总是叨叨外婆的近况和父亲的种种不是，听着听着，我还想哭……

去年秋天，年近八十的母亲实在没有力气帮外婆翻身了终于同意找一个保姆一起照顾外婆。坐不起来的外婆情况时好时坏，有时候一晚上也不睡觉，含糊不清的念叨谁也听不懂的事情，无论情况怎样，即使保姆主动要求，母亲也要坚持晚上和外婆睡在一起，我们担心母亲的身体吃不消，母亲说："我睡在外屋，如果有动静我还得起来进去，也睡不好，还不如让保姆休息好呢。"有时候外婆一睡就是一天，不吃不喝，怎么叫也叫不醒，看着母亲大声在外婆耳旁喊着："妈！妈！！"我更想哭……

有着近三十年军龄的父亲是曾经的一家之长，长期的行政工作养成他严谨威严的行事风格，在我儿时的记忆里，早就离开部队的他终年穿着军绿色上衣，直到现在，他的脚上还穿着部队的绿胶鞋，腰上系着印有"八一"标志的皮带。但是现在他在家里的统治地位已荡然无存，年龄渐长，脾气也见长，自以为是，不听人劝，说他是"倔老头"一点也不过分，唯一不变的是经常看到他拿出泛黄的黑白照片，细细回味自己年轻时在军营的生活，有时兴致来了也会给我们讲讲他的经历，讲刚当兵的趣事，讲一九七六年唐山大地震去抢险，讲在原始森林里吃带血的肉，讲剃了光头（抱着必死的决心）

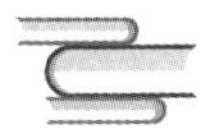

在沿海严防国民党反攻大陆，讲转业时如何不想回来，讲做梦还穿着绿军装，头上的红五星熠熠生辉。

前年夏天父亲的急性心肌梗死着实让全家人吓了一跳，康复后的他除了父亲、丈夫、祖父、外祖父，还有一个重要的职务女婿！哦，对了，今年6月22日父亲刚刚荣获“曾外祖父”殊荣！

和母亲一起照顾外婆，父亲没有一丝一毫的怨言。没有请保姆的时候，购买家庭用品、做饭、洗衣服等家务父亲都亲力而为，每天骑着电动车进进出出不辞辛苦。心脏病发现以后我们总劝他不能太劳累，可是父亲总说“我自己的身体我自己知道”，在几次劳累、几次感觉不适、几次被子女训斥后才渐渐有所收敛。

父亲也好动，门球场上既是教练也是队员还是裁判，竞技麻将获得晋中地区冠军，虽然没什么成就但是钓鱼池边总能看到他的身影，由于身体的原因出门旅游也成了奢望，领他出去钓一天鱼便是天大的喜事了。

不知别家的父母老了以后是如何相处的，我的父亲母亲和儿女邻里都很融洽，但是彼此间总是充满浓浓的不满和矛盾，每次回去总免不了听到父母对彼此的怨言，有时候简直就是老死不相往来的架势，但是一到吃饭时间，父亲总是轻身地问母亲：“给妈妈盛上了吗？喂了妈妈了吗？”

父亲的牙不好，有一次我回家看到饭桌上有一小撮瓜子，漫不经心的抓起来就嗑，发现竟然都是开口的。母亲说：“你爸牙不好，这样就不用费劲了。”父亲的牙实在不能再坚持了，我陪着去医院连续拔了几颗以后，父亲说什么也不拔了，最后一次经医生反复解释决定拔掉剩余的一颗时，母亲打来电话：“不行就别拔了，看他受不了怎么办。”言语里满满的都是关切。现在父亲的牙处于恢复时期，以前的假牙也不能带，每每看到父亲瘪瘪的嘴我都不忍直视，多希望，生活能还给我那个无所不能的父亲，那个强健如山的父亲，那个不怒自威的父亲……要是能用我的所有去交换，我愿意！

父亲做的带鱼是家中一绝，是我和女儿的最爱，每次给外婆喂鱼肉是我的专利，每次吃带鱼都会发生有趣的一幕：我把剔好的鱼肉喂给外婆，再给母亲剔好，母亲又会去喂外婆，然后女儿会把她剔好的鱼肉悄悄地放在我和母亲嘴边……

我们之间没有谁对谁说过“我爱你”，但是爱就在不经意间流淌。前几天，我家的第五代小公主诞生了，生生不息的百年血脉，一个世纪的爱将永远传承下去！

注 此文获国网山西省电力公司“我的父亲母亲”征文优秀奖

国网山西检修公司

王　强

钓　　鱼

我想起了自己还在幼儿园时候的一个下午。春风强劲有力，怎么看都不是适宜出门的天气，任性的熊孩子却非要拉着父亲去垂钓。父亲摸着我的后脑勺，紧皱着眉头，希望我换个要求。我也照着父亲的模样，皱起眉头，小嘴一耷拉，强烈表达自己的不满。父亲一看，突然笑了，说：“小孩子学什么大人。走，钓鱼去。”

父子俩来到水库，这里的地形形成风道，风力更大。我不停地搓手。父亲架好鱼竿，搬着小马扎坐到我身后，解开上衣的扣子，拉我进怀里，用衣服和他自己的身体把我严实地包起来，只露一个小脑瓜在外面。父亲的肚子真暖和。

那一天运气不错，很快就有鱼上钩。我高兴地钻出父亲的衣服，又蹦又喊，然后咬着牙，撅着嘴，用着劲儿，一股脑地摇着收线轮，拽上来一条不到两寸的小鱼。父亲把鱼放进水桶。我两只小手抓着桶沿儿，

踮起脚，努力让自己的眼睛比桶高。父亲静静地看了一会儿，蹲下来，两只大手将我抱起，大脸贴着小脸。父亲说：“看，这条鱼和你一样，小小的，在桶里一圈圈转，就跟你在客厅里一直转圈儿跑一样，你说你像不像它？”我的小手倔强地推着父亲的脸，说：“爸爸，你的胡子扎得我疼。我才不像它呢。”“爸爸不扎小不点儿了。”父亲稍微挪开一点脸颊，一直举着我，直到我没了兴致。

假日我回到家中。傍晚的阳光从窗户射入，光线柔和。父亲在这一方阳光下静静地看着手中的杂志，舒适淡然。

“你明天要不要和我去钓鱼？”声音从父亲那里传来。一种不经意的语调，却分明在等着一个肯定的答复。

“好啊。”我答道。看到在沙发旁，装好渔具的包斜躺在扶手侧，包口还没有拉上，里面有两个小马扎。我知道父亲的心思。

父亲一路上喜笑颜开，好像水库里的鱼正排着队等着往他的水桶里钻。水库并不远，只有半个小时车程，很快就到了。相比别人复杂的钓鱼流程，父亲这里显得十分简单，两根鱼竿随意支在地面，水桶一放，便结束了所有的准备工作，撑开小马扎坐下，等着鱼儿咬钩，颇有一种无招胜有招的架势。

漫长的等待，已是正午。忽地，鱼竿上的铃铛打破几乎要凝固的空气，传来我期待已久的响声。原本平静地如镜子一般的水面上，此刻也在这一小片翻滚出些细小浪花来。我等这一刻已经太久，迫不及待地拿起鱼竿开始收线，一上午的等待总算有些收获。我们准备收拾一

下回家。父亲想站起来，却显得很是吃力，上半身前倾，双手撑着膝盖，胳膊像做俯卧撑一样使足了力气，脸颊后方的咬肌开始突出，竟将两腮反衬出了点儿凹陷，刚略微离开马扎绑带，却又坐了下去。我伸手拽了父亲一把，父亲这才从马扎上站了起来。父亲对上午的收获颇为满意，绕着水桶转圈，看看其中的鱼，也活动活动有些僵硬的腿脚。

以前，围着水桶的是只比桶高一点的我，父亲将我抱起，我兴高采烈地看鱼，而父亲看我；现在，父亲兴致勃勃地欣赏自己的战利品，而我看着父亲。生活还真是温情。

我看着父亲走路的背影，他确实正在变老的路上，动作都迟缓了。父亲每天独自一人拿着小镜子，当年扎人的黑胡子变得花白，他小心细致地修剪掩饰，生怕我们看到，说他年纪大了。过去，父亲陪着我玩耍，而现在则是我坐在他身旁，陪着他。

注　此文获国网山西省电力公司“我的父亲母亲”征文优秀奖

国网山西检修公司

王　霞

父　爱　馨　香

窗外，雪白的槐花开得正欢，一嘟噜一嘟噜地掩映在绿色的枝叶间，几只麻雀飞上枝头，花叶随着它们的驻足微微颤动，叽叽喳喳的叫声穿过午后干燥而透彻的阳光，带着几分俗世的热闹。

父亲立在阳台，面前一张大圆桌上，满满当当铺放着笔墨纸砚。每日午睡起来，喝过几杯茶后，书法便是他的必修课，多年如一日，令我们这些做事常常心血来潮、有始无终的子女自愧不如。

父亲低头书写的背影已不再挺拔如初，几年前的一次面部中风，也让他眉浓目明的面孔有了几分歪斜，这是他的第二次面部中风，由于年岁已高，治疗很久也没能恢复如初。

年轻时的父亲性格直率，脾气急躁，对我们兄妹家教极严：给长辈端饭必须用双手，夹菜时只能就近夹取，见了大人要礼貌称呼，在学校要尊敬师长团结同学……父亲常将《三字经》中“养不教、父之过”挂

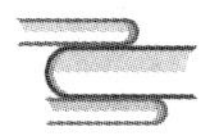

在嘴边，并以此约束自己和我们，生怕在我们兄妹身上看到他为父之责未尽到的过错和遗憾。在左邻右舍的眼里和口中，“王师傅”家风严谨、家教严格，孩子们知书达理、谦和礼貌。于是，我们兄妹四人常常被称作“别人家的孩子”。

记忆中也是槐花飘香的傍晚，放学回家，我和哥哥们在院子里洒上水，待水分蒸发少时，地面将干未干，一人一把大扫帚把自家和邻居的门前打扫得干干净净，然后搬出小桌子头对头地开始写作业。父母亲踏着下班的军号声回来，看到干净的院落、读书的儿女，笑容在眼角眉梢绽放。父亲的赞赏最有分量，甚得儿女心，足以胜过夏日清风冬日暖阳。

二哥第一次离开家去读高中，住宿条件极差，大通铺潮湿拥挤还满是跳蚤虱子，饭菜也难吃到无法下咽。偷偷跑回家的二哥刚端起碗，就被父亲的一巴掌打落在地，饥肠辘辘的二哥含着泪走出家门，却见父亲怒意未消，眼角却分明有亮亮的东西一闪，转瞬不见踪影。

我考上重点高中的那年夏天，大哥也以第一名的成绩从诸多在职工作的考生中脱颖而出进入北京一所管理学院深造，身强体壮的父亲却在这时意外地面部中风。“双喜临门啊，您这是高兴地乐歪嘴了吧！”厂里的同事打趣父亲，父亲的脸无法呈现出自如的笑容，只能频频点头来表达他内心的自豪。

在那个军工厂生活的十

几年，是我们兄妹成长的韶华岁月，父亲从不缺席的参与使我们的生命饱满充实，他的言行很大程度地影响着我们的人生态度。搬来太原不久，父亲和邻居在楼前种下几株槐树和柳树，它们随着时光的流逝一年年枝繁叶茂，我们兄妹也逐渐羽翼丰满，父亲一贯的严厉开始变作对子女成家立业后的叮嘱和关切。在孙辈的眼中，祖父（外祖父）的形象更多地定格为绿荫下与老友切磋棋艺的全神贯注以及戴着老花镜临摹《毛主席诗词》的一丝不苟。

母亲去深圳照顾小侄女的那年冬天，我在娘家卧床养病，重返儿时一般安然接受父亲笨手笨脚的照顾。窗外是灰褐色光秃秃的树枝，透露着无处不在的寒意；窗内是干净整洁的沙发家具，地面反射着温暖的光线。父亲忙碌的声音从厨房传来，阳光渐渐由床尾晒到被子中间，然后又逐渐映在我的脸上，倦意在时光的移动中几次袭来，时睡时醒中，整片的阳光就铺了满床，明晃晃照出冬天里令人贪恋的暖意。午后的睡梦中突然醒来，正是父亲出门去接幼儿园的儿子放学回家的时间，心里感到一阵莫名的忧伤，好像是对病痛的恐惧太深了，也好像是空空房间里寂寞的味道太重了。艰难起身，看到厨房的暖气上毛巾包裹着的沏好的菊花茶，顿时回到现实中来，感受到了父亲心细如发的疼爱，驱走胸口闷闷的阴郁。

父亲爱上书法时日已久，笔功渐渐随心所欲、自成体系。我们兄妹在朋友圈晒过父亲的书法后，好些亲戚朋友来索要“墨宝”，赋闲在家的父亲突然有了用武之地，自然来者不拒。买来好的笔墨纸砚，认真斟酌几日落笔成书，再交由我们请人装裱好后送给索要者。孙辈们身上延续着他的血脉，自然要悉心教诲，以期日后成为有用之人。大孙儿性格绵善，已有与世无争之态，爷爷送他“志存高远”；二孙子性情中人，容易意气用事，爷爷送他“戒躁静思”；深圳的孙女打小就爱学习，每日放学后头等大事便是先做作业，爷爷送她“天道酬勤”；我的儿子痴迷网络、不思进取，姥爷送他“路漫漫，其修远兮，吾将上下而求索”，一副字尚不足以表明心迹，又一

副“烁烁如金”，取外孙名字中的“烁”字寄予厚望；至于父母的蜗居，虽不大却温馨有爱，客厅一副“宁静致远”最能表达古稀之年的父母平稳静谧的心态。

父爱之于我们兄妹，没有华丽的辞藻修饰，只是借助生活中最平淡的琐事呈现，却像洗过很多次之后干干净净、柔软贴身的衣服，有点若有若无的清香，不奢华富贵却极舒服妥帖。

窗外，槐花飘香，正是春末夏初的好季节，风中暖意渐浓，阳光变得明澈，空气里满是甜甜的味道。

父亲安静地书写着，我就安静地看着他，想起好多陈年旧事，在氤氲着的花香中徐徐走来又淡淡走远。

注　此文获国网山西省电力公司“我的父亲母亲”征文优秀奖

国网晋城供电公司
尚军霞

父　　亲

说起父亲，迄今为止，我还真没写过关于他的文章。细究原因，对于学生时代的我，当时可能觉得他是农民，难登大雅之堂，以至于在每次填写家庭成员时，都将身为小学教师的母亲写在前面，而将父亲尴尬的写在后面。

记忆中，有两件事让我觉得他很土、很丢面子。

一次是 1992 年 6 月，我临近中专毕业，当时适逢晋城供电公司刚刚组建，学电专业的我已经和班主任沟通过，分回家乡工作应该是问题不大的事。可父亲非要亲自到学校跑一趟，一来帮我取回一些往家带的东西，省得毕业时大包小包拿不动，二来感谢一下班主任，保障我的分配能板上钉钉。他带着我的弟弟，扛着大半袋小米，提着 2 斤香油，坐了 9 个小时的硬座火车，风尘仆仆来到了学校。在面见班主任后，父亲说了句“谢谢老师帮忙”，便不会再说什么寒暄的话了。班主任倒非

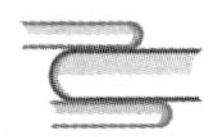

常理解，准备了一大桌饭菜和好酒，非要留下父亲，一块儿吃午饭。饭桌上，也许是感到陌生，也许是没见过世面，父亲连敬酒感谢的话都没对班主任说。在班主任向他敬酒欢迎他的拜访时，一大杯酒，父亲一饮而尽，班主任都惊呆了，连说“好酒量、好酒量”，剩下的便是班主任不时地给他夹菜、倒酒，询问他一些家庭状况。一旁的我觉得很是尴尬，因为父亲的不会说话和行为举止的不文雅……父亲在饭后的当天晚上便又乘坐 9 个小时的硬座火车赶回了家，却让弟弟多待几天，让我带他见见世面。

还有一次是我毕业分配，在单位上班一个礼拜左右时。那时职工住宿条件不是很好，就租住在晋城钟飞大楼，除了一张床外，其他东西都得从家带。那天中午吃饭时间，隔壁男宿舍的大魏大声喊我：“军霞，军霞，快到楼下，好像是你父亲，开着四轮车给你送大木头箱子，车蹭了一下别人，好像没事，但被讹住了……”我一听就火气直往上升，为城里小市民的刁蛮无理，为自己没有一个体面的父亲，送个箱子还惹了事……事情最后还是父亲通过找亲戚解决了，我一个刚毕业的学生，什么也做不了，可心里一直都不舒服。

后来随着年龄的增长，我对父亲的认识也逐渐发生了变化。

父亲 1948 年出生，初中毕业。学生时经历了“文化大革命”，没有继续上学；青壮年时赶上改革开放，先后跑运输、干推销员、当村长，也算是一个积极向上的男人。而他干得时间最长、凭其将我们兄妹三人抚养成人、供我读完中专的行当就是跑运输。大概在我十一二岁的时候，也就是 1985 年左右，父亲在村

里率先搞起了运输，先是和村里俩人合伙买了辆四轮车，拉石子、水泥等赚运费，后又领着初中毕业的哥哥独立跑运输。每到冬天，四轮车发动困难，父亲一大早便起来烧火预热机箱，吃完早饭，在全家人的助推下将车发动，一天的劳作便开始了。父亲和身体瘦弱的哥哥在长年的风吹日晒和重体力活中变得更黑更瘦，在运输过程中也发生过车翻和被水箱烫伤的事故，可最终还算平安。父亲也正是凭着自己的敢为人先和吃苦耐劳的精神陆续盖起了我们家的八间大瓦房，我也在无忧无虑中度过了自己的童年和青少年时代。

在对孩子们的教育当中，父亲不像别家的父亲，有一定的理论和循循善诱的方法，有时候可以说是粗暴，虽然事后经常后悔。记得年仅 15 岁的兄长跟他一起跑运输时，时常因为干活不力被父亲劈头盖脸打一顿。对于我，一个女孩家，他倒没动过一个手指头，反因为我的学习成绩好而偏爱有加。曾听母亲说，在我离家求学的几年中，父亲常因为想我而在夜里落泪，还不如她一个女人坚强！

而最令我感受到父爱伟大的便是在我的爱人和父亲先后经历的两场病中。

2015 年临近春节，爱人被一场突如其来的大病（脑出血）击倒了。住院大半年期间，每天早上，父亲都要骑着摩托车，从市区东南角的家，大对角跑到市区西北角爱人所住医院，将母亲做得营养可口的素蒸饺、卤煎饼、稀饭等饭菜，在 7 点钟准时送过来，并在 8 点钟推着轮椅将我的爱人从病房推到康复科开始上午的训练。当时天冷风大，康复科所在大楼北门口有个 50 度的小陡坡，坡上的进楼口和楼对侧的进楼口形成一个很强的南北过风道。每到此坡处，父亲都要扭转轮椅，让我爱人背对风口，然后吃力地将轮椅拖上坡，他说："风太冲，病人更容易被吹着。"康复结束，父亲又骑车到离医院较近的婆婆家，将午饭给我们送来。父亲说："你婆婆一个老太太，丈夫早早不在，将孩子们带大不容易，每天能做好午饭、晚饭，就省你好多事，而且吃着也舒服。""你也要趁我们在的时候，抓紧时间休息，别把自己

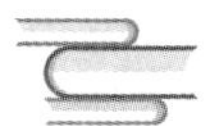

累着……”

父亲始终身体力行地在为子女默默付出。然而，2016年临近春节，父亲忽然咳嗽不止，先是吃药、后是门诊输液，可还不见好转，半个月后居然发展到夜里无法躺下睡觉，辗转县、市两个医院才将病情看透，肺炎、肺气肿、肺大泡，加上他原本就有的三高，尤其是高血糖，导致肺炎长时间难消。

这回，该孩子们尽孝了。作为女儿，本想能每天为他送顿饭，可因为要照顾起居不便的爱人，每每忙乎完就过了饭点，忙前跑后和送饭的事就落在了兄弟身上。就这父亲还只让弟弟每天早上送饭，说医院里只有送午饭和晚饭的服务人员，要不早饭都不用送了。他还让母亲留在家里给干体力活的哥哥和上学的侄女做饭，让弟弟继续上班，让我照顾好我爱人，他说：“我手脚都能动，就是不能呼吸冷空气、咳嗽得不想吃饭而已，你们都各家有各家的难事儿，还要上班，都别在这浪费时间，我一个人完全能行。”

看着父亲原本还算强壮的身体，在短短一个月就变得衣裤宽松晃荡，想着他形单影只每天一个人在医院输液，再回想爱人住院期间，他大半年的奔波照顾，而我竟连一顿热饭也送不到病床前，更别说看护了，我不禁惭愧得泪流满面！此时的我才深深感受到：父母对子女的爱永远比子女对父母的爱要深、要真，那是一种深入骨髓的爱，永无条件，永无阻碍！

记得前段时间在网上流转很火的一个演讲题目“你养我长大，我陪你变老”，细细回想，长大后的自己有多少时间是陪着父母呢？父亲表面上是看着坚强，不想给子女们增添负担，其实他内心多么需要子女们能陪陪他！我们常用“子欲孝而亲不待”来提醒自己及时行孝，可是从未感受到“亲还在而子不能”的痛楚。至亲至情，不应该是看着彼此渐行渐远的背影，而应该是你养我长大，我陪你变老！

父母是我们每个人最大的依赖，而我们也是父母最大的依赖。所以，朋友们，适当地推掉一些工作、聚会，挤时间多回家看看父母；多给他们做些可口的饭菜让他们享用，而不是天天在父母家“蹭饭”；多带他们去旅旅游，而不只是把钱交到旅行社。孝敬父母，就是我们参与他们的生活，我们陪伴他们享受生活，因为，我们只有今生在一起！

注　此文获国网山西省电力公司“我的父亲母亲”征文优秀奖

国网忻州供电公司

刘　伶

父　　亲

重拾肖复兴的《父亲手记》，看到他作为父亲的一颗拳拳之心跃然纸上，感慨万千。不由想起我的父亲，想起我们血浓于水的深情。

DNA 真是一件奇妙的东西，靠着它，我似乎长成了一个小小的父亲。我曾在祖父家找到一张父亲婴孩时的照片，小小的坐在椅子上，与我十分的相似。拿去给母亲看，母亲笑地直不起腰来。

我与父亲血脉相通，抬眼便是父亲温柔的目光。

时光慢慢地走过，我慢慢的成长，父亲也慢慢地老去……有一天突然看到父亲额头有了许多皱纹，转而看到父亲头上已白发丛生，我的心倏地收紧，似被一把利剑，深深的刺痛。我忽然意识到，我的父亲也老了……我还在恍惚，我似乎还在害怕他在我犯错时凌厉的目光，我似乎还在被他高高地举起朗声大笑，可我的父亲，终究也老了。虽然，他仍会从背后变戏法般拿出美食逗我，如同儿时一般。

老，并不十分害怕，我只是极其的害怕父亲的离去，非常非常怕，只要一想到，就后背发凉。

尤其是去年冬天外祖父的突然离世，我的母亲忽然失去了至亲，她几近崩溃。因着外祖母早在十几年前就已过世，她更是痛苦的不能自已，从此这世上，便再没有娘家可回，而我的母亲，也只有四十几岁。所以母亲时常羡慕父亲，高堂健在，甚至连外祖母，也一直叫到了前年。我心疼着母亲，也恐惧着自己的未来。

前段时间学校的月季渐渐地都开放了，红的妖娆，粉的娇羞，朵朵团团，煞是好看。可我从不愿意看它一眼，因想起去年的五月，外祖父家院子里的月季开的极盛，或许是花有灵，用拼命的绽放回报老人一生的勤勤恳恳，为他唱一首生命的绝唱，只是当时并未曾想，那美丽竟是谶语。

我只愿波澜不惊。我只愿我的至亲至爱福泽绵长。

假期我总是愿意回家去的。世界很大，毕一生精力也看不完，而我知道，于父母而言，我们姐妹，就是他们的整个世界。我愿意陪着他们，直到老去。即便是这样，也总是无法常常守在他们身边，想想总是惭愧。这时候便羡慕起古时来了，倘若生活在古时，我必定当个男子，四世同堂，让他们儿孙绕膝，颐养天年。

我的父亲陪伴了我整个童年与少年，直到我离开家上学、工作，他仍然用心陪伴着我。有父亲在，就有安全感在，哪怕寒冬的深夜我仍敢勇往直前。网络上有句流行的话语，叫做“陪伴是最长情的告白”。我也该陪伴我

的父亲，哪怕面孔沧桑，身材佝偻，他永远是我深爱的父亲！

注　此文获国网山西省电力公司“我的父亲母亲”征文优秀奖

国网晋城供电公司

马向丽

母亲节，想起那碗“疙瘩汤”

今年是母亲逝世二十周年。虽然她老人家已经离我而去 7300 个日子，但她给予我的爱依然犹如四十多年前的那碗“疙瘩汤”那般温暖。

记忆中，年轻的母亲椭圆且白净的脸上时常挂着灿烂的笑容，身后甩着两条又粗又黑、齐腰长的大辫子，走起路来那辫子会随着结实的身板一摇一摆，煞是好看。她在上千口人的村里是数一数二的孝顺媳妇，也是村里最能干的女人。因为，她能在那个物质匮乏的年代，在院子外开垦几块“自留地”，在院子里种上好些瓜果蔬菜，将我家的日子打理得温饱适中、令人羡慕。

记得二十世纪七十年代初，那时候的学校，冬天不统一发配煤炭或煤球，所有老师的办公室和各个班级的过冬取暖都是靠学生自己解决。

小学一年级时候，深秋的一个假日，班主任潘老师带着我们三十几个学生去嘉峰电厂去捡拾煤核。当天，秋风把树叶刮得满地都是，我只

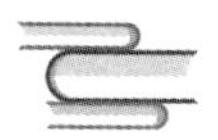

穿了两件衣服，那时候还没有毛衣毛裤或保暖之类等过度衣服，只能将夏天的碎花衬衣套在里面、外面再穿一件红条绒衣服挡寒。经过一个上午在寒风中“吹拂”，我被吹感冒了，回家后浑身冷得上下牙齿直打寒战。母亲见此，赶紧让我把外衣脱了，钻进被窝里暖着，她自个儿却顶着“呼呼”的大风去村里唯一的卫生所买药。

那时的嘉峰村是一个五百余户的大村，我家住在村东头，村里唯一的卫生所设在村西头，东西距离约二公里之多，村里唯一的一位赤脚医生要诊治全村一千多口人的健康问题，所以经常忙得脚不沾地。母亲这次自然没有请到医生，没有处方又不敢随便买药，只好空手回来。

回家后，为了及时缓解我的头疼、发烧等症状，母亲就说：“给你做一碗鸡蛋疙瘩汤吧，你最爱喝！”

有了期盼，就有了等待。一听鸡蛋疙瘩汤，我便立刻停止了哭泣，眼睁睁地瞅着母亲系上淡蓝色印花布围裙，手脚麻利地在院子里的菜地拔回几颗鲜绿欲滴的小白菜和青葱，洗干净后切断放在案边；随后，又将一个红萝卜、几片黄姜切成细丝放在铁锅里，倒上些水、放了几粒粗盐，将铁锅坐在火上加热；然后，将瓢子的白面搁在碗里，再沿着碗边儿浇少许凉水，便用木筷搅拌起来，直到把碗里松散的白面搅成一绺绺的“小面鱼儿”，待锅里的水沸腾后，将这些细细碎碎的“小面鱼儿”顺着水花“飘”进锅里，“小面鱼儿”就会在上下翻滚的开水里自由自在地游泳了。这个时候，我顾不上自己的头疼，从热乎乎的被窝里钻出来，蹲在方砖砌成的大炉台上看着“小面鱼儿”如何“乘风破浪”“激流勇进”；母亲呢，则

不慌不忙地依次将嫩绿的白菜叶、鸡蛋放在锅里；最后，她将铜勺在煤火上烘热、再放些自家压榨的花生油、丢几粒花椒和一小撮葱花，等铜勺里花椒变成褐色、葱花变黄并挥发出特殊的香味后，将勺子和油一同放进锅里，只听“呲”的一声，一锅红白相间、黄绿分明、香气四溢的疙瘩汤就做成了。

接下来，便是我披衣坐在被窝里，母亲盛一小碗疙瘩汤端在我的面前，一边小心翼翼地吹着小勺、一边慢慢地喂我吃饭……等我吃饱喝足后，鼻尖沁出细小的汗珠儿，母亲用手摸摸我的额头：嗨，不烫了。她慈祥地端详着我，脸上露出了欣慰的笑容，就连那细细的眉毛都笑弯了。

从那以后，每当感冒我都不愿意吃药，哪怕母亲已从卫生所买回药片，我还是认为喝一碗热腾腾、香喷喷的疙瘩汤比那白生生、硬邦邦的药片管用。

自那以后的几十年来，每当身体欠佳的时候，我时常想起那碗疙瘩汤，便更加怀念母亲，还有那份无私且伟大的爱。

注 此文获国网山西省电力公司“我的父亲母亲”征文优秀奖

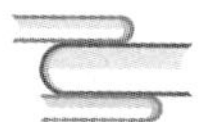

国网阳泉供电公司

尹宇峰

天　堂　的　爱

小时候一直有一种很幼稚的想法，认为活着的人永远就是活着，死去的人仅仅只是随着历史的长河而流走，年老的人好像生来就是老年人，孩子永远是保持孩子的童真不会长大。随着年龄的增长，听说也见到了周围的人离开这个世界，但对自己而言也只是个故事，听来而已，可是没有想到自己最亲近的人，在不经意时就这么走了，永远离我而去，这时才感觉自己刚刚长大，刚刚成熟，刚刚明白死亡的真正含义，走了就是走了，永远不会再回来了。

在不经意的日子，不经意的时刻，您没有留下一句话就离我们而去，走的那样匆忙，我知道您不想离开我们，您想要做的事情还很多，您编写的五千年历史歌还没有最终定稿，肺炎就无情地夺走了您的生命，到现在我还是想不明白，太多的遗憾和不解让我难以接受这个事实，是您为了不给我们添麻烦隐瞒了自己病情？是我们忽视了病情的严重程度？医生也没向我们说过此病情的危险性。听到姐姐突如其来的消息，说您在抢救，我疯一样的往医院跑，到了医院您已经大脑缺氧，不醒人事。这种情景我想像过，是因为电视剧看多了，但感觉离自己还很遥远，可是就在此刻发生了，我想大声喊大声哭，可是抢救的护士不让我哭，我抱着还有生还的希望控制住了自己，把您推到了重症监护室，焦急的等待换来的是大夫的判决——脑死亡，已经不可逆转。您曾嘱咐我妈说一定要回家，她在我们的极力反对下执意让您回到家中，说这样您才会安心，回到家一个小时您就离去了，我看到您眼里含着泪花，您肯定不想走，不想离开我们。我再次想大声呼喊您，可是他们忙于给您穿送老衣，不让我哭，看着家人忙里忙外准备后事，我始终处于呆滞状态，您给我留下太多遗憾。爸爸，您没能给我们留下照顾您的机会，哪怕一次也好，我们还没能好好孝敬您，我答应要亲手做饭给您吃的。我常常做梦梦见您醒了，回来了，可是梦醒后总是以泪洗面，我手机上还留着您走之前曾给我发的短信，我当时在外出差，您只是肺炎住院治疗，但每天都在发短信叮嘱我注意安全，问我还有几天能回来，其实您已经心里明白和我在一起的日子不多了，是吧？为什么我却一无所知。

每次逢年过节我都会格外想您，好想倒退十年、二十年，回到从前有您的日子。小时候每到中秋之夜，我都会早早地把月饼、水果、各种小吃摆在桌子上，等着家人围坐在圆桌上赏月，现在想想是一种多么平淡的幸福。

记得有一年中秋如同往年一样，一切准备好了，就等您入座了，变电站突然掉闸造成大面积停电，您根本不管我的感受，就和工人们赶到抢修现场，当时不懂事的我还因为这个和您生气，嫌您

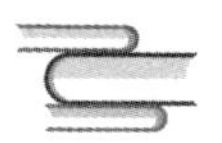

把中秋团圆的气氛都打破了，殊不知您也是为了工作，现在为人妻为人母的我才真正理解您。从小就听您常常给我讲您的奋斗史，我总是开玩笑地说："好了，耳朵都起茧了。"现在好想听您再不厌其烦地讲您的经历。您为电力事业奉献了一生，操劳了一生，什么时候都把方便让给别人。您临终前最后一次出院，执意要我将病房打扫干净，被褥都叠放整齐。我说有专门卫生员会打扫的，您总是说任何时候都要给别人留出方便。您的一言一行都在教育着我，您随时随地都在以自己的行为和态度为我示范着您身上的品质和涵养。您的一切，都默默地影响着我的成长。爸，您让我上哪去找回您曾经的温存？我想您了，怎么办？

父亲节又要到了，看着周围的朋友和父亲团聚，送父亲祝福，我只能控制住自己的泪水，去寻找儿时的甜蜜，去翻看泛黄的照片。虽然我已经从一个孩子走到如今的不惑之年了，但心里依然藏着对您的感恩和牵挂，对您的那份依恋和依赖依然很浓很浓，看到别人问候爸爸亲切的话语，真的好羡慕。小时候您教我给家里的旧家具粉刷油漆，过年教我炸鱼、炸丸子，这些情景至今历历在目。您第一次带我去北京，就教我要学会看地图，一遍遍告诉我去哪里坐几路车，生怕从小就没有方向感的我有一天一个人到北京会迷失方向。我不明白为什么在您走之后我才能清晰地记起您所带给我的一切。

您仅仅给了我 38 年的时间和您相处，我觉得实在太短暂了，可是，您在世的时候我根本没想过失去父亲对我来说意味着什么。小时候的我，只知道您满足不了我的要求，我就和您生气，因为一个白色的凉帽，您没给我买，我生气一个人回家，不坐您的自行车，您为了我的安全推着自行车一直跟在我身后，第二天您又悄悄跑去集市给我买回来让我惊喜。工作后，我没能常常回家看您，总有许多借口，是我不懂事忽略了这份亲情，带给了您无尽的孤独，就是这样的我，您还始终和蔼地对我说："工作上一定要勤勤恳恳，要对得起企业，对得起领导对你的信任。"在我的记忆里，从没能和您有个温暖的拥抱，爸爸，好想抱抱您，靠在您的肩膀去感受父爱的那份温暖。今天，我突然长大了，我懂事了，却失去了父亲，想您的感觉，只剩下无尽的眼泪和心酸。

天堂里的爸爸，您还好吗？女儿给您写的信您能看到吗？我真的好想您……

注 此文获国网山西省电力公司“我的父亲母亲”征文优秀奖

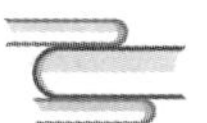

国网山西计量中心

贾杏平

想念我的爸爸

爸爸的小女儿《Daddy's Little Girl》

You're the end of the rainbow, my pot of gold,

你是我的彩虹，我的金杯

You're daddy's little girl to have and hold.

你是爸爸的小小可爱的女儿，拥有你，搂着你

A precious gem is what you are,

你是我无比珍贵的宝石!

A ray of hope, a shining star.

你是我圣诞树上的星星

You're the brightest of the sunshine

你是最耀眼的阳光

Morning's first light

你是清晨的第一缕光

You warm my day, you brighten my night.

你温暖我的白天，照亮我的夜晚

You're sugar, you're spice, you're everything nice,

你是蜜糖、你是香精，你是一切的美好

And you're daddy's little girl.

而且，最重要的，你是爸爸永远的小小女儿……

看到小米妈妈的博客，听到这首歌，我不由得泣不成声、不由得想起爸爸，最亲最爱我的人，虽然我们早已阴阳两隔，但我相信这世间除了爸爸，没有人会再那样疼爱我。

常常想起爸爸，想起他慈祥的眼神和疼爱的微笑，想起爸爸温暖的怀抱与默默的关注，甚至是偶尔几次恨铁不成钢的斥责。那一切都是那么珍贵，而今我再不会拥有。每次说起爸爸，想起爸爸，我几乎都无法自持，所以怀念的语言一拖十几年都无法下笔。对我而已，爸爸的离去是最深的痛，是一生的伤痕。虽然每个人都会有痛失亲人的经历，但父亲离我而去毕竟是太早了。那样的年纪，那样的岁月，心灵还无法承担这重重的哀伤。

爸爸生前是一位中学语文老师，我们家那时就住在学校里。我常常记得放学后爸爸总要去教室门外轻声招呼我回家吃饭、休息。我可能从小就是个学习勤奋的孩子，爸爸总是怕我学习太累了，身体受不了，所以放学后经常到教室门外等我。有时在放学回家的路上遇到爸爸，他总是从我肩上接过书包，提在自己的手中。偶尔去办公室找爸爸，我总是飞奔过去，爸爸一把把我搂在怀里。他的同事们总是说：“贾老师可真是宠他的女儿啊！”爸爸这时总是笑笑，我心里却甜滋滋的。在女儿心里，爸爸就是一座山，高大结实，是最踏实的依靠。年幼的心里却不知道这座山也会有倒塌的一天。所以

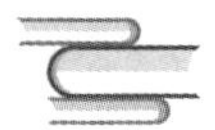

当那一天到来的时候，全然不知该怎么办，仿佛整个世界都遗弃了我。性格也从那时发生了巨大的变化。以前是有些骄横跋扈、个性张扬的，但从失去父亲的时候开始，突然全部收敛了。开始学会了隐忍和退让，因为再没有了依靠，从此这世间的路要靠自己独自前行了。

爸爸是个很爱整洁的人，幼年时的记忆就是爸爸永远整洁如新、一尘不染的白衬衣。这可能也影响到了我后来的择偶。我的爱人也是个极其整洁干净的人。爸爸爱看书，真的是终身学习，一天都未间断。我记得每个星期天的上午都是我们家的读书时间。爸爸、哥哥和我都坐在那里看各自的书。爸爸边看边做笔记、写心得，很工整的小楷。他毛笔字写得极好。也常给我们讲故事，谈古论今，经史子集，天文地理，从他的嘴里讲出来是那样的引人入胜。常常是在一家人围在桌前吃饭时讲，因为一天中只有这时一家才能团聚。我们往往听得入了神，把吃饭的时间延长了很多，为此妈妈还很是不高兴。那时家里有很多书，都是爸爸多年积累收藏的。因为经常要看书，所以家里随时随处随手都能摸到一本书。

现在想起来爸爸当时可能是想把他的女儿培养成一个淑女的，在很多生活习惯的细节上，爸爸很是注重纠正我。只是女儿最终还是未能如他所愿。可能爸爸有我时已近知天命之年，我又是他的小女儿，所以平时对我更多的还是万般宠爱，很少训斥。有时考试不太理想，爸爸也从不责备，只是看到他独自一人斜倚在床边沉思。那样的沉默往往比严厉的言辞更让我难过。深深的愧疚总让我暗自下定决心，下次一定要努力考好，不要让爸爸失望。可能也正是这默默的关心和

疼爱让我在学习的道路上遥遥领先，一帆风顺。

爸爸一生坎坷，九岁丧母，十三岁丧父，靠他的舅舅接济读完大学。空有满腹才华，却生不逢时，遭遇那个唯成分论的时代，无处施展，尝遍了人间的艰难与辛酸。所幸还有七尺讲台，让他可以桃李芬芳，真正做到了为人师表，一生耕耘，两袖清风。很多时候想起爸爸的经历我都不由得肃然起敬。他承载了人生太多的哀愁，却在儿女们即将成人时撒手人寰，真的是一天好日子都没有享受过。可能也是因此，在父亲离去后，我把全部的爱都倾注在了母亲身上。生命如此脆弱，谁都不知最亲最爱的人在哪一天会离我们而去。等到那时纵然想起他们的千万般好又有何用？不如在今天好好孝敬。树欲静而风不止，子欲养而亲不待。到那样的时候，怎样后悔懊恼都无济于事了。

爸爸陪我走完了十几年的人生路，给予了我全部的爱，却从未享受到女儿对他的孝敬，这是最让我难过的。乌鸦反哺、羊羔跪乳，动物尚且能够如此，我却无法再为我最亲最爱的父亲做点什么，只能是一生的怀念。愿我的父亲在天堂一路走好！

注　此文获国网山西省电力公司“我的父亲母亲”征文优秀奖

国网晋城供电公司

吴国斌

写　在　冬　至

昨天，大哥打来电话："明天就是冬至了，去看妈妈了吗？"

猛地有一些愕然，又将冬至了么？眼前恍惚现出冰冷的墓碑，以及冬日微薄的阳光下现存于世的人们的悲哀。今年的冬至，工作繁忙以及各种原因，我又是不能回家乡去给父亲上坟了。

风阴阴的，太阳白花花的，天空虽没有一丝云彩，但却冷得要命。妈妈住在城乡结合部的老三家中，租来的房子，没有暖气，没有厚实的窗帘门帘，每次过去，总是冷冷的。看着外面被寒风吹得漫地乱卷的枯叶、塑料袋子等杂物，听着寒风掠过枯干树梢发出的一阵阵鸣叫，觉得天更冷了。

我恍惚又看见穿着一身中山装的父亲，父亲总是眯着他的眼睛笑望着我，闭上眼，我的眼泪就掉了下来。

父亲是在患脑血栓病三年后去世的。那天，当乡下的母亲打来电话，急匆匆骑车回去时，父亲的双眼已经不能正视我了，好在还听得懂我的呼唤，知道儿子回到了他身边。听着父亲用已是含混不清的话语，想告诉我们什么，仅仅三天，父亲就咽下了最后一口气。守在父亲身边，当我看见他脑袋歪过的那一刻，脑子里一片慌乱，很慌、很慌，我几乎快要透不过气来了。

我记得当时外面的天气也同现在一样冷得刺骨，冷得我已经没有了痛哭的力气。

从外边打工赶回来的大哥看见我坐在那里一动不动，说："想哭就哭吧！"

我不语，还是没有哭。

我不敢哭，因为眼泪的温热会证明此刻我是醒着的，我没有做梦，它会证明父亲是真的狠心离开了我们。

大哥起身走了出去忙事，带上了门。

以后几天里，守在父亲的灵前，我昏昏沉沉，脑子始终不能清醒过来。第八天头上，一场大雪铺天盖地。次日出殡时，在寒冷的风雪中，我感到有一滴泪水缓缓滑过了我的脸，而当钉棺盖的大斧乒乓作响时，我的眼泪终于铺天盖地地下来了，一发不可收拾。

而在今天，这个冬至的日子里，许许多多有关父亲的故事，就像一部黑白电影，缓缓地在我面前滑过……

记忆中的父亲是一个慈祥的长者，对我们兄妹四人，从来也没有打骂过。记得小时候上学，因考试不慎，得了个"零"分回家，心想着父亲定会一顿责骂，但等回家后，却只等来一句"下次注意"的告诫，父亲就忙自己的事去了。还有一次，和小弟争东西玩，凭着自己年龄大、身体强，硬是将弟弟推倒在地，争过了玩具就跑。不曾想那一推，正好把弟弟的鼻子推到了一块石头上，血流了一地，当母亲听到哭声，迎过来要收拾我的时候，父亲却不失时机地站在了中间，还是一句话："赶快去止鼻血吧。"父亲上地做农

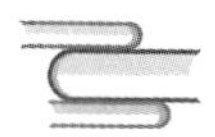

活，从不会在大清早叫我们，虽然那时我家人口多，地里活也多得很，可父亲总是让我们睡懒觉，自己一个人悄然起床，上地做事，为这个，母亲多次怨父亲不会教育我们，父亲却说，小孩子们，觉多，让他们多睡会儿吧。父亲就是这样慈祥。

年轻的时候，父亲因为读过一些书，又写得一手好看的文字，而被安排在大队做事。做了十几年会计、支书，父亲始终公私分明，勤恳踏实。一次到大队去玩，见到父亲记账用的账本硬皮，一摞摞放在桌子上面，想到自己所用的母亲用白线缝成的计算本，就急着想要一个硬皮来，可软磨硬泡，父亲就是不答应。后来，因为家中我们兄妹四个，每到秋天生产队分粮食的时候，没人到谷场上等待分粮食，而冬天上冻时到四里外的地方担水更使母亲感到了为难。父亲终于辞去了做了十几年心爱的职业，回村务起了农活，悉心照料起我们一家子。而做了十几年“官”，父亲最终给我留下的，就是一条遗失在家中的上面写着“备战、备荒、为人民”的直尺子（注：这条直尺至今我还藏着、用着，也算对父亲的纪念吧）。

父亲是一名党员，他时常告诫我们，要踏实做事，踏实做人。他也的确做到了这一点。一九八二年土地包干的时候，离村二里地的一处村民吃水水井周围的耕地，恰好分给了我家，原先种地，没人会想到挑水走路的难，每到庄稼长起，挑水的人们总会抱怨走路不便。而父亲接过这块责任田，每到春天，总会选择最好走的路线，为村民们留出二尺来宽的路，我们都认为留路不仅少种了庄稼，而且还让人们把地踩得太瓷实，庄稼不活泛，可父亲极力坚持。后

来，村里引自来水，从井中接了水管，引到了村边的一处压力水窖后，父亲为了不让风沙吹进井中，亲自将井盖好，这件事给我留下了很深的印象。

父亲说话办事，从来是“一口唾沫一颗钉”。大哥成家的那阵子，因为家里住房紧张，父亲东挪西借，才盖起了三间北房，本来说好自己住北房，让大哥在祖屋里办事，可等和女方家一说，人家非要住新房，父亲不顾我们的反对，一个字掷地有声：“行”。结果我们连夜搬回了祖屋，反倒让对方显得难为情起来。刚参加工作，因为想家，趁工余回了趟家，本想着自己一个学徒工，在家停几天没问题，可父亲非要我第二天赶回单位去。到了晚上，一场大雪将道路封了个严实，坐客车是不可能了，到单位，少说也有四十多公里的山路，心中正在得意，心想人不留天留，可没想到，次日天没亮，父亲就把我从热被窝中叫醒。吃完早饭，父亲亲自陪我走了四十多公里雪路，让我按时回到了单位。

父亲得脑血栓病后，基本上失去了劳动能力，可就在他出去锻炼的乡村小路上，也总是用手中的棍子，不时地将路上的杂物挑开，用脚将路中的石块拨拉到路边。每当我们回去看望他的时候，也总是催我们快走，怕我们误了工作。要不就是询问我们工作如何，孩子们学习怎样等等，似有永远也放不下心的感觉。

这么些年，生生死死已经看过许多，再也不是初次面临死别时的那般荒凉无助。离开的人，不过是以另一种方式存在着。我怀念着逝去的父亲，怀念着，却无法说出埋在心里深深的眷恋。只能在冬至，在又一个阴冷的季节里，对他默默地怀念着、怀念着……

冬日微弱的阳光下，我忽然无比留恋着生，所谓生死两茫茫，亦不过如是吧。

注 此文获国网山西省电力公司“我的父亲母亲”征文优秀奖

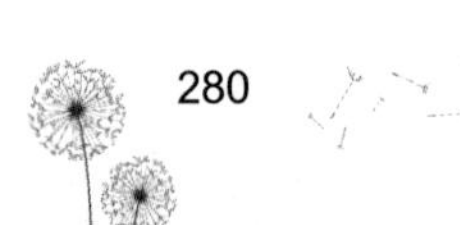

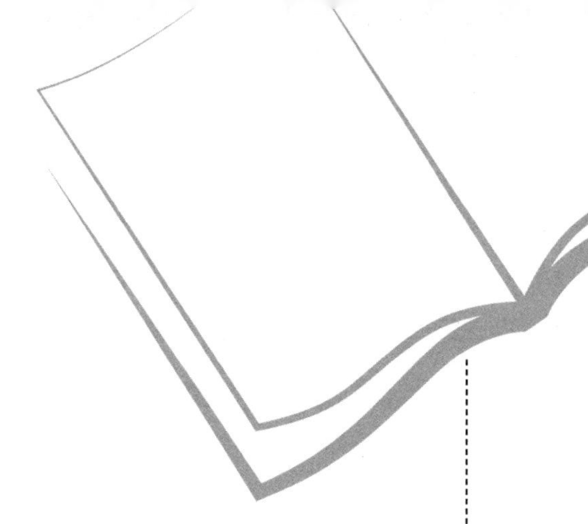

第二辑
电网退伍兵

在电网建设的队伍中，有这样一群人，他们听党指挥、能打胜仗、作风优良，他们就是光荣的电网退伍兵。为纪念“八·一”建军节，文协举办“电网退伍兵”主题征文活动。征集作品 146 篇，经文协评审组多番筛选，最终摘出 10 篇优秀作品呈现给读者。让我们一起来倾听他们的故事……

国网长治供电公司

马　晶

兵　哥　哥

屯留县供电公司有一个排的“正规军”，不多不少，正好 36 人，分散在各个岗位上，为首的兵头叫刘斌。能当兵头不容易，因为大家都服他。

服他，是因为他“够意思”，有事儿他先上，兄弟们跟着他干，起劲儿。早些年，在西村供电所当所长的时候，适逢农网改造的春风吹到麟绛大地，刘斌激动万分，把所里的兄弟们召集起来开会：“兄弟们，咱们西村要变样了，咱要花大力气搞农网改造了，西边儿山上的老百姓要通了电，苗儿沟的老李头再也不用点煤油灯了！”老李头是屯留和沁县交界处的一个散户，平日以放羊为主，单身一人，虽属苗儿沟的人，却是在山沟沟再边远一点的山上。因为远，没有电杆电线给他送电，煤油灯就是他唯一的照明工具。刘斌是在一次巡线途中遇上的老李，才知道他，才知道世界上还有人在用煤油灯。于是这次农网改造的文件一下来，他一下子就想到了老李头。

想给老李头送电急不得，勘察、设计、施工得一样一样来，心有蓝图的刘斌豪情满怀，冲在最前面。苗儿沟位于屯留县西部山区，不到 100 人的村，却分属 12 个自然庄，输电线路长、电压不稳定是经常的事儿，那里地势复杂、险峻，连像样的路都没有，羊肠小道都鲜有人见，汽车止步于山脚下。由于居住分散，想要雇佣老百姓的牛车、驴车都很难，工程施工时，变压器、电杆、电线、工器具全靠人工扛到山上。兄弟们看见这个情况，心里就不大愿意了，心里燃起的激情被浇灭了一大半。刘斌二话没说，扛起就走，好几次眼看着他就要扛不动倒下了，可他还憋着一股劲儿：“瞅什么呀，快来搭把手！”大家被他的热情感染，号子喊起来，手脚动起来，铆足了劲儿干起来。就这样，几千斤重的物资就硬生生被大家翻山越岭地扛到了该在的位置上。立杆、架线，刘斌带着兄弟们一个庄一个庄地干，一包干粮、一壶水，徒步走过苗儿沟，来来回回不知多少趟，从春天，忙到冬天。苗儿沟通电的那天，大家欢呼雀跃，老李头激动地握着刘斌的手，满脸涨红，只说出三个字：“好！好！好！”刘斌笑，大爷也笑。后来在回忆的时候，刘斌说：“通电的那一刻，我一个大老爷们儿眼泪马上就要出来了，可我是个兵，那就得忍住，吃啥苦，都能忍住！”从那以后，刘斌就成了屯留供电的兵头，大家叫他“兵哥哥”。

兵哥哥不只是屯留供电的兄弟姐妹在叫，还有一个人也亲切地叫他“兵哥哥”，那就是他的青梅竹马——小娟。小娟应该是最早称呼刘斌“兵哥哥”的人了，从他入伍的那一天，“兵哥哥”就成了他在小娟心里的唯一称谓。小娟说，

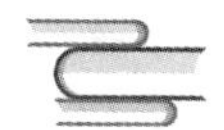

"'兵哥哥'听起来好听，实际上我被他骗了。'兵哥哥'在我这里，就意味着漫长的等待啊！当兵，回不来，等三年；转业回来了，农网改造忙了，等两年；终于等着结婚了，没想到，隔三差五保电，还得继续等……有时候，我都不知道我在等什么，感觉他总也不在身边。"

我问："那您当初为什么选择等待呢？"

小娟说："被他的浪漫骗的。那一年，他怀抱吉他，唱了一首改编的《小娟》就把我骗了。"

被刘斌"骗"了的，还有长治供电公司的全体职工。今年，他改编的电网版的《南山南》，把在场的所有观众都唱哭了。不到50岁，满头银发，怀抱吉他，低声吟唱：

你在温暖的屋子里　欢声笑语
我在冰冷的杆塔上　挥汗如雨
如果天黑之前来得及　为你送上一片光明
95598　你用电　我用心

你看那远方万家灯火的美丽　不见我每一日守护你
为你真诚服务　尽心尽力
如果所有银线连在一起　用尽一生只为拥抱你
特高压　电网梦　晚　安
辛苦了　国网人　晚　安
特高压　电网梦　共铸新辉煌
你用电　我用心　最美国网人
……

观众轻轻拭泪的时候，刘斌仰头，热泪逆流至心田，这首歌有他对"特高压”特有的情怀，有骄傲，有自豪，也有淡淡的委屈。

2007 年的盛夏，“特高压”落址长治长子，成为长治电网历史上的辉煌一笔。山西电网结构发生重大变化，为了给南部电网的调整提供便利，需要将中南部用电负荷全部转移到北部电网，确保北部电网的安全运行就成为重中之重，这就是传说中的山西电网中南部解环“大会战”，它牵动了全体电网人的心。500kV 榆城线作为北部电网的枢纽线路是屯留供电的重点保卫对象，刘斌被任命为保电“指挥员”，带领一个排的“兵力”奔赴保电一线。

“500kV 榆城线纵贯屯留南北，全长 31.6km，涉及铁塔 39 基，一基塔下有一人值守，日夜不间断，作战时间 21 天。装备整齐、分工明确、责任重大、切勿大意。”口令下达，他开着车将大家一个一个送到战地，最后留下自己孤身一人驶向屯留的边境——那个曾经“上党战役”打响的地方，老爷山。

一切都静静的，或者说，一切都是为了静静的。保电不就是为了老百姓在光明下安静祥和地微笑吗！与铁塔为伴的日子，很孤独，与铁塔为伴的日子，很艰苦。孤独的日子里，与故障作战，艰苦的时光中，与恶劣天气斗争。午夜的风似乎将“上党战役”的厮杀声吹到了耳边，想起革命先烈的浴血奋战，想起自己守护着远处的万家灯火，夜深了，远方的灯一盏一盏关了，他终于可以安心地睡了。

21 天后，保卫榆城线战役宣告胜利，特高压成功入网，刘斌收拾行囊走上回家的路，肤黑发长的他站在妻子面前，久久没被认出来……每每提到这个，小娟都泪眼婆娑，她没想到，国家电网的人，居然是这个样子的。

今年七夕，“兵哥哥”又把小娟弄哭了。在 4000 多平方米的屯留广场，刘斌一首《你就是我最爱的丫头》献唱小娟，还是那把吉他，还是那个声音，还是那个兵哥哥，却是满满一头银发……

注　此文获国网山西省电力公司“电网退伍兵”征文一等奖

国网忻州供电公司

陈　磊

心中那一抹绿

“听吧新征程号角吹响，

强军目标召唤在前方，

国要强，我们就要担当，

战旗上写满铁血荣光……”

这首《强军战歌》，以前我并未听过，是在一次下现场工作的途中，听“大将军”手机铃声才知晓的。“大将军”是一名退伍军人，他说之所以让大家都这么称呼他，是因为不想当将军的士兵不是好士兵。我对他的印象，呆呆的，一口流利的保德普通话，冬天的时候，喜欢把裤脚塞进靴子里，走起路来神采奕奕。

今年是宁武农网改造的第六个年头，“大将军”叫我和他去现场，同当地居民商量青赔的问题。宁武城的三月，见不到杨柳吐绿、桃李芬芳，相反地，因为地域的关系，白色仍是这座城市的主打色。司机师傅小心翼翼地应付着匍匐在路面上不怀好意的暗冰，“大将军”在副驾驶上时不时地提醒两嘴，我蜷着身子，努力抗拒着初春时分却严冬般的寒冷。

忘记经过了多久的颠簸，面前呈现片片荒芜，除了周围零零星星几家院子，就剩眼下这几颗格格不入的大树。“大将军”推开车门，先是望了望眼前的景象，然后倚着车头，点燃一支香烟。我把衣领拉到最高，双手揣兜，也跟着下车，寒意席卷而来，困乏四处逃窜。

“大将军，咱去去……去哪？”气温低得过分，我说话竟不由得打寒战。

“大将军”嘴巴里吞云吐雾：“稍等下，不行的话……嘿，来啦！”

只见远处缓缓走来位老妇人，穿着一件棉袄，看起来很单薄。与之相比，羽绒衣、棉裤、雪地靴，我倒显得不像个年轻人。“大将军”说，“老妇人姓贾，称呼她贾大娘就行。”

“小后生，电业局的？电话里不是说了吗，来也白来，没用。”贾大娘的语气中，有几分忠告的意思。“行啦，来都来了，这天寒地冻的，去屋里坐坐吧。”说罢，贾大娘转身，步履蹒跚地走着，我和“大将军”紧随其后，面面相觑。

我们出发的位置，离贾大娘家院子并不远，但这刺骨的风却让这段路显得格外漫长。来到门前，贾大娘礼貌性地掀开厚重的门帘，示意我们先进，我们不敢推让，迅速闪进屋里，生怕贾大娘举着这厚重的帘子累坏身体。

拍打着身上的尘土，站定，扫到原来屋里还有一人，乍一看，年纪与贾大娘相仿，那自然是这院子的男主人。大爷戴一深蓝色帽子，浑身衣物也是深蓝，盘腿坐在炕上，嘬着手里那看似只有民国时期才会有的大烟袋。

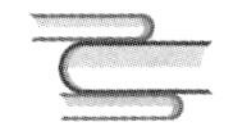

“坐。”大爷冷冷地说。

一个字，足以使我和“大将军”手足无措。我俩迅速搜寻着可以坐下的地方，角落里两个马扎成了救命稻草，也顾不得上面的灰与尘，屁股一沉，一了百了。

“大爷好，我是咱们宁武供电公司的小郭，这次来是和您商量咱们青赔的事情。”“大将军”缓缓地表明来意，言语虔诚。

“娃娃，不必说那，电话里就说不行了，你要还提这事，那赶紧走。”大爷的语气突然变得有些激动，一旁的我不知为何。

“大将军”马上接过话来：“对不起啊大爷，您看我不会说话，这样，我给您带了点小菜和酒，要不嫌弃，咱中午一起吃个饭，我陪二老聊聊天，可好？”

大爷勉强应允，“大将军”赶紧拉着我冲出院门。

“大将军，这大爷也太冲了吧，咱和声细语的，他好端端发什么火呀？咱不如回，也太不讲理了！”出了院门没几步，我宣泄了两嘴。

“大将军”也不急着答我，慢慢把气儿喘匀，说：“咱下车的地儿有几棵大树，那其实才是咱的目标。如今网改，我们要立杆子、架线路，可那几棵树，是我们施工的障碍，想要让村民用上高质量的电，这几棵树必须伐。可不巧的是，这几棵树偏偏是刚才那位大爷的，说不动他，工作就没法进行。我也想回，可咱这一回，周围居民怎么办？”

几句话如同辣椒油一般抹在我脸上，弄得我也分不清是疼是痒，只一个劲儿地暗骂自己目光短浅。为掩饰尴尬，我迅速向车那边跑去，吆喝了司机师傅下车，一起去大爷家里吃饭。

酒菜拎在手里，再次掀帘而入，桌椅碗筷已摆放整齐，贾大娘在一旁捏着莜面栲栳栳。“大将军”去找来几个盘子，我把菜肴倒在盘中，陶瓷酒樽美酒斟满，大爷将烟袋丢在一旁，缓缓落座。起初的氛围很紧张，本就是一

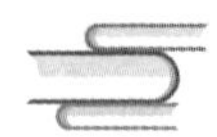

个不苟言笑的大爷，而且还极力反对伐树一事，我努力地寻找话题，脑子却空白一片。

“大爷，您今年高寿？”“大将军”扯起的话头。起初，大爷并不怎么多爱搭腔，总是有了上句没下句，渐渐地，推杯换盏，也就聊的多了起来。

“娃娃，知不知道大爷为什么不让你们动那几棵树？”大爷这突然一句，大家都有些懵，我们不敢提的事情，大爷竟主动聊起来。我们静静地听，大爷缓缓地讲。

原来，大爷有个女儿，以前院子门口很空旷，不像现在这样修着公路，这些树就是她女儿小时候种下的。她女儿从小很粘人，尤其喜欢“折腾”自己的父亲，而大爷每天也乐此不疲。可渐渐地，时光的双手推着孩子长大成人，女儿远嫁，眼前的几棵大树，竟也成了老两口的一份念想。大爷狠狠地饮了口酒，贾大娘背转身偷偷抹泪，而我们也明白了这其中的原委。几棵树，对于我们，无非就是一张青赔单子，而对于他们，确是情感的寄托。

“大将军”随即陪了一杯，说道：“老爷子，原先不知这树对您的意义，才不知轻重的和您提伐树的事，还自觉态度虔诚，这一杯，我给您赔罪。”酒杯立在桌上，“大将军”接着说：“这几棵树，是您心中的一抹绿，它是您女儿留下的影子。我也有个姑娘，您的心情我多少理解一点。可您知道吗？我们电力工人，心中也有一抹绿。”

老爷子皱皱眉头，流露出一副愿闻其详的样子。

“我们单位的代表颜色也是绿色，这就是我心中的绿。我是一名退伍兵，上班也没几年，人们都说复转军人文化水平不高，可我们不论是对待以前的军营、还是现在的企业，都是有感情的，所以我想把我的工作做好。今天我出现在这里，就是想尽快建设好农村电网，让村民们都用上高质量的电。我体谅您思念女儿的心情，可这几棵树确实影响农网的建设，大爷，我真的希望您能为我们让出一条绿色的通道！”

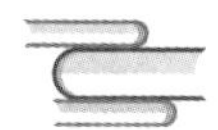

话毕，大爷默不作声。

我瞥了一眼“大将军”，看似，他这次也是真的无能为力了。

饭后，我们帮着收拾了碗筷，打扫了屋子，归置了一下院内的杂物。临行前，大爷并未出来，贾大娘为我们送行：“孩子们，其实你大爷不是个小气的人，只是这树，对他真的太重要了。”我们纷纷表示理解，逐个与贾大娘握手道别。

回的路上，“大将军”望着后视镜里渐行渐远的几棵树，一言不发。发动机的轰鸣里，隐藏着他内心的失落。我琢磨着怎么宽慰他几句，刚打算张嘴，却听到那首《强军战歌》，是“大将军”的手机响了。

听交谈的语气，电话似乎是大爷打来的，我在想，可能我们这一趟没白来，于是静静地候着。三两分钟，手机盖“啪”地合上，我屏气凝神，眼睛炯炯得盯着“大将军”，等待着心中期待的答案。“大将军”扭头看着我，眼皮耷拉下来，也不说话，等的我好一顿着急。半刻后，他转过身去，这一转身，我的心跟着凉了半截。我望向“大将军”，他雄壮的后背开始颤抖，他竟哭了！我急忙从座位之间探出头去，打算着陪他说说话，脸刚侧向右边，却看到一张五官都笑到聚拢的脸。那一刻，我真恨不得在他脑袋上扇一巴掌，哪有这样捉弄人的！等一下，他在笑？大爷一定是改变心意了！我也跟着笑了起来，怒气随即化在笑声里。

车一如既往地行驶着，天边的火烧云显得格外漂亮，落日的余辉打在车身，“大将军”熟睡的脸被映得通红，这一天，他真的累了吧。看着这张熟睡的面庞，他似乎不再是那个呆呆的，一口流利的保德普通话的“大将军”。我似乎明白了他走路为何神采奕奕，不是因为裤脚塞进靴子里那军人的装扮，而是他作为军人的信仰，淌进了电网的血液，与他心中那一抹绿，融为一体。

注　此文获国网山西省电力公司“电网退伍兵”征文一等奖

国网大同供电公司

李建辉

父亲那一代的军人

从我记事开始，落入我记忆的便是父亲穿着笔挺的绿军装，头戴红五星、肩扛红领章，训练时，父亲扎起武装带、背上小手枪，让我觉得父亲真是好神气好威风，情不自禁心生向往和崇拜。

父亲那一代军人，坐卧行走，一丝不苟，有板有眼。他不许我们把家里的东西弄得乱七八糟，做事也不能拖泥带水，他事事用军人的标准和风范要求我们，让我们兄妹既敬畏又忍不住私下抱怨。

父亲那一代军人，对军容风纪极为看重。妈妈现在还常和我们谈起，当年母亲抱着弟弟在呼和浩特市 253 医院看病，母亲抱得很累，想让父亲抱一会，可是父亲说自己穿着军装怎么能抱孩子呢？后来看母亲实在抱不动，便先脱下军装，才把弟弟接到怀里。

父亲那一代军人，有着极强的荣誉感。他经常给我们讲那些战斗故事，尤其是父亲亲身参与过的战争——解放朔州、右玉……特别是解放

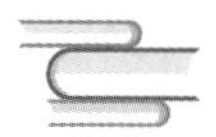

内蒙古（当时叫绥远）的集宁市，他所在的部队担负攻打老虎山的主攻任务，那次攻歼战打得异常惨烈，让他一生难忘。

父亲那一代军人，有着极强的使命感。新中国成立后，父亲一直从事军械管理工作，在二十世纪六七十年代，部队从几百米长的洞库里搬运弹药，还是靠战士们的肩扛手抬小车推，手工作业。一次偶然的机会，父亲看到一部外国电影，二战时期，德国的弹药库已到半机械化水平，父亲便萌发了改革的想法，把战士从繁重的体力劳动中解放出来。于是父亲和战士们一起学习、一起查找资料、一起制作零件，那段时间父亲真是废寝忘食，经过努力终于获得成功。弹药进出库用上传送带，码垛用上码垛机，效率大大提高，过去装卸一列火车，一个连队两天才能完成，实现机械化后两个班半天就完成了。

1979 年，父亲转业到当时的雁同电力公司电力制杆厂，可他始终以当过军人为荣，更以军人的标准要求自己并规范别人。来厂几年，他和工人们一起奋斗，让一个濒临倒闭、一盘散沙的工厂起死回生，不仅生产出雁同地区第一根电力电杆，而且让产品走出雁门关。

今年 7 月，远在深圳的战友专程来大同看望父亲，俩人一起回忆部队的峥嵘岁月：“那一次真是危险，要不是首长反应快，小张可能就要出大事故了。”对越自卫反击战后，父亲所在的部队对“文化大革命”期间生产的大批手榴弹进行试验性销毁，并利用销毁的机会组织实弹训练。一天，轮到炊事班进行投弹训练，炊事员小张由于高度紧张，把手榴弹只投出去 5 米。在这千钧一发之际，眼疾手快的父亲一个箭步冲上去，“卧倒！”父亲大喊一声把那名炊事员压倒在地。“轰”

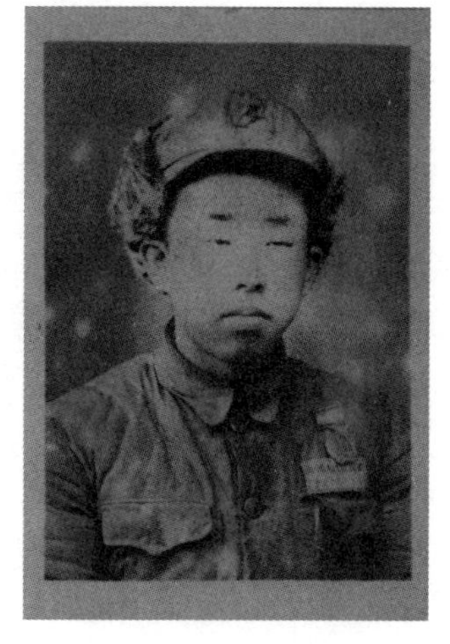

地一声，不远处爆炸的手榴弹炸起的尘土落了父亲一身，父亲和战士安然无恙。

最近，86 岁的父亲和几个战友约定，9 月要一起回到内蒙古的那个大山里，看看他们朝夕相处存放弹药的洞库，看看过去火热而今荒凉的军营，看看父亲划上戎马生涯圆满句号的地方——中国人民解放军京字第 755 部队，这个已在解放军番号中不存在的部队。

注 此文获国网山西省电力公司“电网退伍兵”征文二等奖

国网大同供电公司

陈　博

猴　　哥

猴哥说的不是西天取经得孙悟空，猴哥也不会七十二变和火眼精金，猴哥是我身边的一位普通的电网退伍兵，他不姓侯，长得也不像猴，我为什么叫他猴哥，这还得慢慢道来。

从记事起我就有了一个偶像，他陪我度过了无数个漆黑的夜晚，走过了无数条四下无人的街道，喝最苦的药的时候他在，打最疼的针的时候他在，在我迷茫的时候给我指引方向，在我最想放弃的时候给我鼓励，长大以后每每会想起儿时的种种，真的得感谢我的偶像“齐天大圣孙悟空”。《狼图腾》写到：“猛烈的西北风，将小狼的长长皮筒吹得横在天空，把它的战袍梳的干净流畅，如同上天赴宴的盛装……那一刹，陈阵相信，他已见到了真正属于自己的狼图腾。”每每读到这一段，思绪万千，心潮澎湃，仿佛大草原上驰骋的小狼就在我眼前，陈阵眼中小狼给他深深的烙印和我见到“猴哥”之后给我的烙印很像，都是我们生命中不可磨灭的图腾。

冬天在我所在的小县城，总是不能干净利索的走开。那是今年最后一个零下二十几度的日子，我第一次跟随抢修队去现场执行抢修任务，也是我第一次见到“猴哥”，三十来岁的年纪，一米八几的大个子，依稀可以看出他棱角分明的脸庞，看不出岁月留下的记号，却能看出被风雨刻画出的道道痕迹。他一个箭步上来和我握手，手上的老茧刺得我生疼，但是我也不能表现出来，简单得做了自我介绍，然后下意识地看了看手，还在他手中握着，他尴尬的立马松了手说道：“你可想好了，抢修队的活可不是你们刚毕业的大学生能干的。”我笑道：“我没有那么娇气，师傅你能干的活我就能干。”异常兴奋的我天真地把这一次抢修当成了一次短途旅行。然而当车子驶离人烟、进入山区的时候，我的幻想被重重地摔在了地上，七零八落。

秃秃，眼前所见，尽是光秃秃的一片。干枯的树枝张牙舞爪，河床也只能露出自己的本来面目。

凸凸，抢修车里的工具也因为走着崎岖的山路，而乒乒乓乓地乱发着脾气。

突突，我的心里在不停地打着鼓，车翻过了几座山，绕过了多少弯已经记不清了，可还是没有到达抢修地点。“猴哥”开着车，脸上看不出一点内心波澜，想必是这点小阵仗见得多了。说实话，我有点害怕了。时间也快到中午了，外面的气温却越来越低，风也越来越大。我在和主任说要到抢修队实习的时候，主任就和我说了师傅的故事，他是一个真正的退伍士兵，从硝烟弥漫的战场上退役下来，工作在这没有硝烟的战场上，

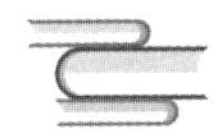

风风雨雨十几年，无论在什么岗位上也保持着当年的那份执着，要我多像他学习，虽然文化程度不高，但是在工作上确实是一把好手。

要找到抢修点并不容易，一整条线路像血管一样散布着，电杆架设在哪，车子就得开到哪。主干分支复杂多变的线路，也不知道“猴哥”是怎么记下来的，我拿着图册都得看上半天，他二话不说就能找到下一根要去的杆塔。上山，下山，穿村庄，跨河床，线路上的每一个开关杆上都要进行接地电阻的测量，每次下车对我来说都是一次挑战。其实我要做的也很简单，就是将接地线棒拿下车，然后组接起来，可是因为没戴手套，没穿厚衣服，体会到了山区凛冽寒风对我最猛烈的“拥抱”，每次帮师傅拿工具、绑线、放线，都是一次煎熬，尝到了把这次抢修当作一次旅游的苦头。山里的风也在恶意的嘲笑我，毕竟这么多年来都没受过这样的冷冻。猴哥看我缩手缩脚的，放下手里的工具，把手套摘下来递给了我，我看着这一副硬邦邦的脏手套，上边有着油渍，污渍，左手食指有个洞旁边甚至有着血迹的手套，心中燃起了一阵阵热涌，也只有在当时那种情况才会有这样的感触吧。

经过一路颠簸，终于找到了故障点，架空导线断成两段，绝缘子碎成两半从杆顶落在了地上。这可怎么办，我看了看身边的“猴哥”，他肯定遇到过困难，可在他冷峻的脸上，我看不到半点退缩。就当我捡起落在地上的绝缘子，看着周围的景色，不禁感慨为什么这么冷的时候，“猴哥”已经穿戴好安全带、调整好了脚扣准备上杆了，动作矫健像极了猴子，蹭蹭蹭三步两步就上了杆顶。北风呼啸，光是站在那就别提有多冷了，山风肆虐，周围连一个遮挡物都没有，只能不停地搓手跺脚蹦跳来保证自己身体不被冻僵，在杆下的我束手无策，只能假装去车里取了这个，放下那个，尽可能在车里多待一会。我打开车门，站在下风侧让车门替我挡挡寒风。就在这时，我看到了杆顶的“猴哥”，娴熟地一步步操作着。杆顶的风比下边猛烈得多，衣服被风吹鼓，迎着风像是在做着无尽的斗争，在杆底都能听到猎猎的声响。站在车门后的我突然觉得无所适从，燥热从脖子红到了耳根，“猴哥”在杆顶那么辛苦地工作着，我却在这里躲风？负罪感压过了对严寒的恐惧，我走进寒风中，和“猴哥”一同接受着这凛冽的洗礼。看着杆顶上的“猴哥”，心里满是踏实，感觉也没有那么冷了。故障清除，导线连接完毕，绝缘子安装结束，“猴哥”开始下杆，还是蹭蹭蹭三步两步就下来了，像个猴子一样。下杆之后，“猴哥”的脸冻得黑红黑红，嘴唇被一层死皮包裹着，我们一句话没说，相视一笑，却也好像说了很多，这也就是我们这次抢修过后培养的默契吧，开始收拾东西准备回程，夕阳正是褪去的时候，夜色拉开帷幕，一轮新月嵌在天边，山河大地也没有来时的面目狰狞。

我跟“猴哥”说我在背后偷偷叫他猴哥，他骂我说：“小兔崽子，敢给我起外号！”，我向他解释说：“‘猴哥’是夸你呢，第一说你上杆快，像猴子一样；第二是你接替了我小时候的偶像孙悟空，成为我新的偶像了。”“猴哥”笑的略显尴尬“咋还成偶像了，哈哈……”

我跟“猴哥”说我要写写他，他说：“我有啥好写的，把我写得好点啊。”我说我在文章里写出他的姓名，他说：“这可不敢，不要写我名字，我可不好意思。”拗不过他。其实我们身边都会有这么一个人，他用着多年来军队锻炼出来的坚毅勇敢感染着身边的人，用着从战场上敢做敢拼的精神号召着身边的人，用着红旗脚下的正气凛然鼓舞着身边的人，他们有着共同的名字：电网退伍兵！他们有着共同的名字，我叫他们：“猴哥”。

注 此文获国网山西省电力公司“电网退伍兵”征文二等奖

国网长治供电公司

陈 瑶

处女座的郭师傅

郭师傅，8 月 30 日生日，典型的处女座。但是他特不喜欢这个星座之说，他说我一大老爷们怎么能跟处女扯上关系。且让我来说说他的典型处女座特征——强迫症。

郭师傅是平顺县中五井乡供电所所长，也是我下基层的第一任师傅。每天早上，最能让你挥去那蒙蒙睡意的就数郭师傅挥着大扫把扫院子的声音，节奏步调从不错乱，合着都能来一曲探戈了！所里的前后院打扫工作全由郭师傅来做，所里人都说要轮着值班来打扫，可郭师傅非说必须他来，这是他在部队里养成的习惯，几十年改不了了！你说他是不是有强迫症呢?

一日，用户来交电费正好赶上网络异常无法缴纳电费，核算员便告诉用户明日再来，正巧被郭师傅撞见，立马脸红脖子粗地把核算员臭骂一顿：“怎么也不能告诉别人明日再来，今日事必须今日毕！跟你们说过多少遍了，不要老是拖拖拉拉的！”郭师傅立马向用户道歉：“非常对不起，还是我管教不到位，让你看笑话了。今天正好赶上网络问题，让你受麻烦了。你把钱放下我保证一有网络马上帮你缴纳电费，缴纳完我电话告诉你！”用户倒不好意思地说：“你老郭的直肠子我们谁不知道，我们最信任的电保姆！你帮我交就好了！”在所里实习听见最多的一句话就是：“今日事今日毕！”郭师傅每日下午就对着自己的小黑本核对哪些没有“毕”！

郭师傅推一推他的老花镜，眉头一皱，我们就知道大事不好了。准是在检查我们的记事本上发现问题了，这不，李师傅的抢修记录上没有用户签字被郭师傅发现了！郭师傅给我们每人一个记事本，记好自己每天要干的事儿、完成的情况、未完成的原因。晚上吃饭的时候郭师傅会挨个检查我们的记录，这是郭师傅要求我们最严格的一件事，记事本上必须写明时间、事件、地点、情况，哪一项都不能少。郭师傅常说：“做事必须严守纪律、做事必须清清楚楚认认真真，只有忠于职守的兵才是好兵，只有严明纪律的兵才能打好胜仗。”记笔记已经成为我日常最重要的习惯，小到吃药喝水我都会记好！

2011 年冬天雪下的特别大，山高路陡的回源岭更是雪的王国、冰的世界，根本无法出门。有一天村上有一户村民捎话跟郭师傅说，他家几天没电，眼看儿子要结婚，这可怎么办？而此时由于积雪，地冻天寒，设备故障多，所里 6 位同志早已下去巡查了，郭师傅急忙通知附近的一个同事，吩咐炊事员看门、接电话，自己步行 20 多里赶到用户家，到地方时已是下午 2 点多了，顾不上歇息，立即动手，抓紧时间查找问题、疏通线路。灯亮了、鼓风机响了，一切正常后，可能是心松了，才发现灌在鞋里的雪已融化，鞋袜全湿透了，又饥又渴，冻得直打哆嗦。面对用电户一次又一次上门致谢，他都婉言谢绝了。他说：“我就是干这份工作的，为大伙服务是我的责任。不论谁家里有事请直接给我打电话，我保证随叫随到，绝不耽误大家！”这

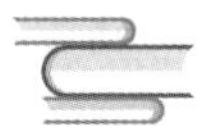

就是他，一个普普通通退伍兵的工作写照。

郭师傅喜欢遵循自己一贯的要求：兢兢业业、踏踏实实、全心全意的服务老百姓。郭师傅没有别的爱好，唯一的喜好就是串门聊天，总是闲不住地挨家挨户去询问用电情况，一路上村民都是“老郭”“老郭”地叫。饭点大家都爱留他吃饭，可他不干，倔强的性子让别人倒直接说：“老郭请我吃饭啊”，他倒高兴地直点头，因为他喜欢和村民聊天，喜欢给大家讲如何安全用电的故事！

郭师傅总说：“戎装虽脱、誓言未变！服务人民是我一生的追求，只怨得我没有多大本事，干不了什么大事！”精诚所至，金石为开。所有村民都对他那么友好，所有用户都跟他那么亲切。他的用心让方圆几十里的老百姓真正用上了放心电。在他的努力下，几十年未出现过一起投诉，未发生过一次举报。

他的强迫症却是他的执着所在，他的军人情结却是他人格魅力的体现。他就是一名普普通通的退伍兵，却是一名战斗在电力事业的精英兵！

郭师傅又开始推他的老花镜了，准是查出问题来了，一问便知黄师傅给用户办理业务时未要求用户签订安全确认书！处女座的郭师傅就是如此事无巨细、事必躬亲，他是老百姓信任的电保姆，也是我们年轻人心里的一面旗帜！

注　此文获国网山西省电力公司“电网退伍兵”征文二等奖

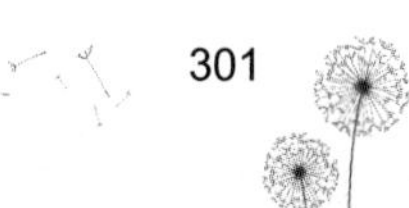

国网忻州供电公司

李　佳

电网中的小兵

2009年的12月，胸前带着大红花，眼眶里含着泪水，我从部队回到了地方，当我走出了火车站，路过一个橱窗时，我在镜子中看到了自己，看着自己卸下了领花和肩章的军装，感觉自己不伦不类，而那时站在人海中，我又感觉很迷茫，路漫漫其修远兮，我该何去何从？当你从社会走向部队，一些名词便从你的世界消失了。狂热变成沉默，胆怯变成执着，犹豫变成坚定……你，蜕变成了军人！当你从部队再走回社会，你开始无所适从了，人生好像失去了目标，开始茫然了……

2011年，我完成了我所有的大专学业，同年，抓住了走进电网的机遇。

和军营相比，这里是一个全新的世界，高耸入云的铁塔、望不到边际的导线、气势恢宏的变电站……这一切的一切从此将走进我的人生，对退伍不久的我来说，脑子里浮现的还是军旅生活的场景，电力专业方

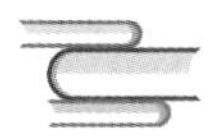

面，我毫无概念，连电线都不敢摸，可我却没有退缩，凭着自己的勤奋与悟性自学着，不断提升自己的专业技能。在普通的工作岗位上，我做着普通的工作，长期以军人的形象服从工作大局，散发着异样的光芒，就这样，我与电网结下不解之缘！

我觉得军人和电力人的共同点是在为人民为社会奉献，一个给人们带来安全，而另一个给人们带来光明。我觉得来到电网后，需要保持的仍然是部队里那股特别能吃苦，特别能战斗的优良作风，只有这样才能在新的岗位上再创辉煌。以前身为一名军人，我拿好手中武器，时刻听从指挥，随时准备接受战斗任务；而现在身着电力工装，我同样感受到了肩上沉甸甸的责任和使命，深知为人民群众提供稳定可靠电力供应的重要性，始终冲在电网抢险救灾和抢修复电等工作的最前面。电网人跟军人其实有着很多相同之处，要始终保持着军队光荣传统和良好作风，以一个战士、一个党员的标准严格要求自己，并以一言一行践行着退伍军人的崇高理想，坚持退伍不褪色，认真做好电力员工的每一项工作，服务好当地群众。

军人以服从命令为天职，在部队的时候服从上级命令不打折扣地执行任务。作为电力人，在工作中结合生产作业计划，对设备做到应修必修，修必修好。

在部队守护的是人民，全心全意为人民服务；来到工作岗位，守护的依然是人民，守护人民的用电安全，守护万家灯火。如今身为一个电网人，我对自己有了更高的要求，那就是要不断加强对电力专业知识的学习。“人民军队为人民”VS“人民电力为人民”说的都是要为民服务，企业文化理念与当代军人的核心价值观相吻合。我们都是“有组织有纪律”的队伍，都要求令行禁止，严格按规定执行并完成任务，而且都特别能吃苦耐劳，不畏艰险。

“电网退伍兵”，如今，人们似乎这样称呼我们，电网退伍兵默默地耕耘着自己的岗位，从他们的一举一动中，我们仍能看出他们军人特有的闪光点，虽然现在工作内容改变了，但是他们那颗军人的心永远也没变。我们离开部队后，就投入到电网的改革发展中，我们把军人铁血意志、英勇果敢的品质转化为工作动力，驻守在电网的不同岗位上，为电力事业做出了各自的贡献。想起自己第一次去工作现场时，我的心情非常激动，随时准备着大展一番拳脚，我的分管领导看着跃跃欲试的我，指着一根水泥杆问我："小李，你知道一根水泥杆上有些什么金具吗？"我支支吾吾了半天，最后挤出了一句："我不知道。"领导看着我促狭地一笑，意味深长地又问了一句："军人会服输吗？"这时我才意识到，在这里，我又找到了我当新兵时的感觉：一切，从零开始。

新兵的训练只有三个月，可是在这里我要当几年的新兵，因为要学的东西有很多。走上了电网的岗位，做任何事都必须是一丝不苟，马虎不得、也大意不得。极端气候和遇大修技改时，还得时刻绷紧安全这根弦，睡觉都得睁只眼，这和军人没什么区别，也是从军多年养成的习惯，当一年军人，就会带一辈子的军人魂，无论何时、身处何地，不能忘、也不敢忘。军队中"流血流汗不流泪，掉皮掉肉不掉队"的不屈精神仍然在工作中得以延续，不论做什么事都得真抓实干，在保证自身安全的情况下，外出作业听取调度命令就像在部队听取长官命令一样，严格执行每项调令，一切行动听指挥。来到电网后，为了尽快适应新的工作环境，我对自己高标准严要求。军人从军营第一课就学会了服

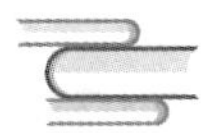

从，军人以服从命令为天职，在电网的工作岗位上，同样要服从领导；从穿上军装那一刻，军人的责任感就如影随行，在电网中也一样。

时光匆匆，一如白驹过隙，这些年，我曾无数次地问自己：作为一个电网人，我合格吗？可惜每次的答案都是“不”，因为我的专业技能还不够扎实；因为我的理论知识还不够丰富；因为在电网的道路上，我还不是身经百战。我相信每一个电网退伍兵都如实想，可是要问我们：面对前路，是否会害怕？那我相信我们的答案同样是“不”，我们如今虽都已不在军营，可是我们的斗志依然不灭。军人，是党的卫士，是国之利器，在军营，我们时刻准备着。现在，我们是电网人，当命令来临时，我们的第一反应，依然是“保证完成任务！”我想，十年、二十年之后，我们的这个“毛病”还是改不了吧。

注　此文获国网山西省电力公司“电网退伍兵”征文三等奖

国网长治供电公司

李 玲

情系万家灯火 爱到深处无言

——一个电力职工妻子的心声

当我看到“电网退伍兵”的主题征文，顿时百感交集，十多年的苦辣酸甜齐聚心头，作为一名电力职工的家属，作为一个电网退伍兵的妻子，我想说的真的太多、太多……

——题记

让时光追溯至2000年底，一个偶然的机会让我们相识，那时的他刚退伍不久在临汾电校进修，也许真的是缘分使然，他居然与父亲有着一样入伍当兵的经历，一样豪爽耿直的性情，甚至连生日都是同一天，父亲从他的身上看到了自己太多年轻时的影子，第一次见面他们谈的就很投缘，似乎这一切早已在冥冥之中注定，他便是我的“真命天子”。接下来的日子，闲暇时他总会帮我照顾生病的父亲，陪他下棋解闷、同

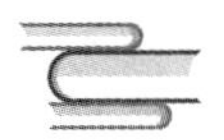

他聊天散步、为他做爱吃的鱼……所有的点点滴滴都证明着，他是一个值得依靠的男人，一个爱家顾家的男人，带着这份信任与感动，我顺理成章地成为他的妻子。那时，我曾无数次地在脑海中想象着今后生活的场景：华灯初上，夫妻相挽，漫步在宽广街道；假日休闲，陪着孩子，游乐场里尽情地玩耍；节日团聚，家人围坐，静享天伦之乐。然而，现实的生活却应了那句话"理想很丰满，现实很骨感"。

记得，2002 年 6 月，他上班伊始就被分到 110kV 长子变电站任值班员，看护着全县 7 条主干供电线路安全运行，虽然在同一个县城，不算太远，可变电站 24 小时的值班制度和我当时所在的银行中午 1 点的交接班制度，再遇上单位加班、外出培训学习，有时，我们会好多天难碰面。加之老人身体不好、孩子又小，那段时间我忙的晕头转向，总希望他能多帮衬家里一点，可每盼到他下班时，他都会主动留下来和经验丰富的老师傅跟班学习，用他话说："电这东西可不是儿戏，操作不当是要出人命的，得把看家本领学到家，咱这心才有底，安全第一啊！"知道他工作的特性如此危险，我只能在家里承担更多，让他每日安心去工作。

2008 年 12 月，因工作需要他被调整到调控中心任调度员，家离单位的直线距离不足千米，我当时心想：这提心吊胆的日子总算过去了，调度这工作应该轻松一点，离家这么近，他抽空也可以看看孩子、顾顾家了，可没想到他似乎更忙了，因为调度室承担着全县电网的安全、可靠、经济运行，保障着全县人民的生产生活用电，不能有一丝的疏忽大意，重大节假日的保电更容不得一丁点含糊，再加上调度中心本就人手少、事情多，"连轴转"成为家常便饭，我的理想又一次被打回到"原形"。说实话，到后来我都已经习惯了他在春节、元宵、中秋、除夕等重大节假日的值班保电，习惯了他缺席家人生日等所有纪念意义的聚餐活动，习惯了独自担下家中所有的事务，习惯了他在外不停地忙碌……

2016年3月9日，他又被调整负责草坊供电所，草坊所是全县成立较早的“老所”，更是全县出了名的“乱所”，设备老、线路长，故障多、服务差、管理乱、各项考核指标均排名靠后，接手这样一个“烂摊子”，我着实为他捏一把汗，整治这样一个所，那是谈何容易呀。经过近一周的逐个谈心交流，他满怀信心地告诉我：“草坊所的同志们，都是个顶个的好汉，差的不是能力是士气，缺的不是技术是信心，他要用两到三个月的时间，让草坊所打个漂亮的‘翻身仗’！”于是，接下来，他的工作节奏就变成了“5+2”“白加黑”，没有休息日、没有星期天，即使三更半夜接到报修电话，二话不说起身就走。遇到故障处理要举一反三，用排查一个来解决一类；投诉回访要以情动人，用化解一案来说服一片；用电疑难要多换位思考，用多一份辛劳来换群众多一份的理解。眼看着各项考核指标在逐渐上升，但连续两个月的排名却仍然靠后，他不服气地说：“就不信这个邪，要不干出个样，就对不住领导对咱的信任，对不住草坊所的弟兄们跟着咱吃苦受累！”直到6月20日下午，我收到他通过微信发给我的考核表，草坊所的10kV线路跳闸率大幅度降低，排在县公司八个供电所第一，那一刻，我觉得他们全所三个多月的辛劳终于开始有了回报，那点小小的成绩足以安慰他们没日没夜的奔波和忙碌，心中涌上一股久违的感动！

就在上周，眼看孩子暑假要结束，我提议星期天带着孩子就近玩两天，

他居然“破天荒”答应了，孩子当时的高兴劲儿就甭提了，这可是孩子多年的小愿望。可这愉快的旅行，却被一个急促地电话给“夭折”了。周六早上，我们都准备出发了，他接到坝里村一个

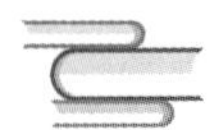

用户的电话，似乎事情很急，他挂了电话，就让门外走，“让我去看看，来了再说啊！”唉，谁知这一等就到晚上 10 点多。一进门，他就忙着解释，按工作计划坝里村要进行停电检修，虽三天前已逐一告知用户，但这位农户因一时疏忽，竟将蔬菜苗移入三个大棚，如果当天停电这 3000 多元刚买的菜苗不能及时浇水，就全泡汤了。可按停电计划也不能因一户改变，于是他就几经周折找朋友为这位农户借来发电机，顺利地给菜苗浇上水，这位农户很是感激，硬要留下吃饭再走。听到这里，我所有的怨气全消，其实不是他不顾家、不爱家，只是他忙的顾不上自己的家；不是他不想家、不恋家，而是他心系电网、情牵万家！

我知道，我只是众多电力职工家属中极普通的一员，我的家只是千千万万电力家庭中一个小小的缩影，这样的经历，这样的故事在电力系统也不足为奇，但正是这样千千万万电力职工平凡的坚守点燃了那万家灯火！正是这样千千万万普通家庭的点滴付出成就了国家电网的蓬勃发展！

注　此文获国网山西省电力公司“电网退伍兵”征文三等奖

国网吕梁供电公司
樊静玲

无 悔 军 旅

我叫樊静玲，45 岁，1990 年 3 月，我光荣地加入了中国人民解放军，开始了军旅生涯的第一步。回首我在部队这所大熔炉里熔炼成长的人生经历，我深刻地感悟到：从军是我无悔的选择。回忆往事，思绪万千，感慨万分，千言万语汇集成两个字：感恩。

我们刚来部队的前几个月主要练走队列，提素质。没什么好玩的，枯燥无味。有趣的事是：记得第一次紧急结合，那晚刚刚睡下，突然一声“紧急结合”，我们快速穿衣服、打背包，经过一番折腾，就到走廊站好了，然后排长和班长出来检查，检查的结果是：有的背包打得歪歪扭扭的，有的鞋带没系，有的在紧张过程中把裤腰带不知掉哪了，出来时是用手提的裤子。想起来更搞笑我衣服就穿了两件，大冷天的连棉袄都来不及穿了（那时零下二十几度呀！），出来之后冻得我两腿发抖，牙齿“嗒嗒”的响，完了棉帽戴歪了。检查结束后排长又说了一句：一

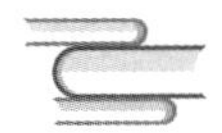

会有可能再拉一次紧急结合，我们听了之后都不敢脱衣服睡觉。

新兵下班后，很快转入正规的专业训练中去，那时可真是苦啊，早上四点五十起来叠被，晚上十一点才睡觉，再加上三更半夜还要站岗，别人能吃的苦我也能吃！这句话一直激励着我！到了每年外训的时间，我们必须到一个基地去进行严格的训练，听说去到那里不掉一块肉也去一层皮。有一次进行五公里越野训练，那可真是要命啊！因为白天干了很多活，已经疲惫不堪了，但还得跑，我咬紧牙关坚持了下来，全身都湿透了，到了七八点钟的时候，可能因为体力消耗太大，我身体变得越来越虚弱，浑身打颤。班长带我去卫生队看医生，结果是高烧三十八度七，给我打了一针，第二天好了一点，但是还得坚持训练，又到了体能时间，也是跟昨天一样跑五公里，当时我听了两腿都快发软了，但我还是挺下来了，等到走回连队时，因为我身体虚弱所以走路走得不好，突然从后面有人给我蹬了一大飞脚，差点倒在地上，又骂道："你要死啊！"原来是值班排长看我走路走得不好就蹬了我一脚，可能他不知我昨晚发高烧了。当时我是多么的伤心，多么的委屈，多么的难过……感到是那么的痛苦、那么的无助、那么的可怜。也许这就是我军旅生涯中的一些挫折吧，但我坚持下来了。

新兵下班我被分配到通信专业，我这个专业是领导的耳朵和嘴，也是比较重要的专业，我主要训练的就是背秘语，用数字代表汉字，再翻译回来，相信这些在电视中经常看到。记得一次训练，让我终生难忘。这次我们被安排到草地训练，因为紧张的训练让我们一天非常疲惫，只要闭眼就能睡着，这时营长例行检查，发现我们一个战友脑袋上有个红印，就说她睡觉，不废话不解释，给我们下了一个命令，有电台的背电台，没电台的背连值桌，连值桌就像上小学的书桌一样，只是这个是铁的，叫我们绕着营房的公路跑5圈，当时我直接崩溃了，因为班长和老兵都有电台背，只有我这个新兵蛋子没有，最受苦的还是我。那时候我根本没有机会去想，只有服从，我回连队把桌子背起，跟着大家跑起来，那时我心里的痛苦、委屈、辛酸，一同爆发出来，眼泪不停地流。我真的想放弃，因为不是我的错，我没有睡觉、没有趴桌子、没偷懒，但是受罚的却有我，我在家里所有的委屈加起来也比不上这十分之一，我不停地跑，但是有些跟不上节奏了，因为那毕竟是一个桌子，不好拿不好背、不好扛，怎样拿它都硌着你的肉和骨头。庆幸的是我坚持到最后，跑了 5 圈 4 公里左右吧。第二天感觉身体都不是我自己的，要散架的疼痛，不过还要去训练跑步，当时只有辛酸，感觉度日如年。

自从上次挨了很多批评和折磨，我好些天保持沉默，话都不说，到后来训练还是继续，直到有一天，我们晚上出去训练，拿着地图去找几个地方。（这个训练叫找点。考核人员给我们数据然后我们在地图上标记，找明显物体，感觉挺难的。）我们班分成两组，记得那次我和老乡还有班长、副班长一组，团里的车把我们很多人带到了一个不知是哪里的地方，然后让我们找到三个地方去拿答案回来。我们按照上级给的那几个地方马上拿着地图和手电就跑，当时也不怎么懂，只是跟着老兵跑，跑了两公里之后终于找到了一个地方，答案在电线杆上，写了几个字，我们把抄下来了，然后接着找下一个目标。在跑的过程中，因为那时我没拿手电，不小心把脚给扭了！当时很疼，但也得跟着跑！过来很久，仿佛跑了很远，也不知道身处何方，天又黑，接着又是刮风下雨，我们迷路了。幸好一位好心的大哥带我们走了两百多米，拐了一个弯后，终于看见了部队的车，后来才知道全团差不多都去找我们了。到了第二天，脚虽然肿了，但还得训练！每天还得背着三十斤左右的器材去训练，不管怎么疼都得忍着。有一天下午搞体

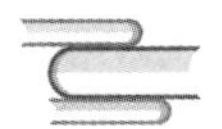

能训练，那次是以班为单位跑步，我因为脚疼跑不了那么快，跑了两圈左右越来越慢，班长在旁边一顿骂："你给我快点跑，再不快点我们班就是最后了……"我实在是跑不了那么快了，班长就叫其他几个人帮我，又拉又推的，就这样我一直被拉着跑完了八圈，将近六公里！我那时全身都是汗，脚非常疼嘴唇发白，真是难受。只记得我们最后带回的时候是一个战友在扶着我一瘸一拐回来的！我回到宿舍把鞋脱了一看，脚更肿了，班长带我又去卫生队了，卫生队医生说让我这段时间千万别跑了，要好好休养，再跑的话这辈子就真的瘸了！这样我才半个多月没跑步也没训练。

在部队的紧张时光有过悲伤，有过欢笑，有过苦，有过累！曾经有人说过：当兵后悔三年，不当兵后悔一辈子。我庆幸我当过兵，也许会让我失去很多财富、很多梦想，但是当兵却让我磨炼了金钱也买不到的性格和品质，让我的心中有了真正的理想。从军营走进电网企业，凭中国军魂支撑自己的信念和意志，对党忠诚，辛勤工作，在公司电网建设、安全生产、优质服务方面做出了应有的贡献。

生命里有了当兵的历史，一辈子也不会感到后悔！人生一世，谁着戎装风雨历练，固我长城荣光。登高览小仰天啸，思远岁月涛涛潮。常忆兮，亦念兮，无悔兮！

注　此文获国网山西省电力公司"电网退伍兵"征文三等奖

国网大同供电公司

孙兆雪

可　爱　老　兵

二十世纪五十年代，《谁是最可爱的人》一经问世激起千层浪，在魏老先生笔下，那群在朝鲜战场上挥洒热血、保家卫国的志愿军战士，是最可爱的人，而我身边，这群虽已离开军营却依旧保存军魂的退伍老兵，也是最可爱的人。小仝就是这可爱老兵们中的一个……

第一次见到小仝，黑黑的，敦敦的，不高不矮，不胖不瘦，面部自然且带着笑容，像极了金灿灿的向日葵。那时，总听别人“仝仝，仝仝”地叫着，本以为是同事、朋友间亲昵的称呼，时间久了，方知小仝性格木讷，反应迟缓，“仝仝”则是取大同方言谐音，实为笨、傻、愣之意；而他，依然每天乐乐呵呵地答应着，丝毫不介意同事们的戏谑。日子久了，其中的戏谑之意没有了，留下来的只有叠字给人的亲密之感。

小仝行事不辩不论、不争不抢、不虚不假。生活如此，工作亦如此。

公司二三十号用电监察员，一人管辖两条线路的并不多，小仝就是寥寥无几中的一个。17600多户居民、300多户小商铺、70多户自备户，数字大了，责任也就重了。每日，他辗转于用户之间，解决了上一户的停电，下一户的电能表还等着更换，这一户的电闸还未安装，另一户已经等待拆表校验了……在营业所里，一般见不到小仝，除了报表时能在办公桌前见上一面，其他时间不是在用户那里，就是在去用户那里的路上。他如陀螺般，只要用户需求的鞭子不断扬起，他就会永远不知疲倦的转下去。日子久了，用户找小仝的电话也就不再打到单位了，因为大家都知道，"仝仝没有落脚点，行走一直在路上"！

那年严冬的某日，我们正准备下班，一阵急促的电话铃声响了起来，当大家犹豫接还是不接的时候，小仝已经拿起了电话。电话那头，一位中年妇女心急如焚地告诉小仝："家没电了，家人鼓捣了半天也不行，孩子正读高三，晚自习回来没电可怎么办啊！"了解原委后，小仝拉上他的哥们儿，骑着"电驴"，赶赴现场……那是一处20世纪90年代初的老平房，没有集中供暖，十几口人，6个电暖器取暖，一块5A的电表哪里承受得了这么大的用电负荷，电表烧毁了，家也就没电了，还好线路没出问题，只要更换新电表即可恢复供电。顶着凛冽的寒风，借着手电筒微弱的光亮，小仝麻溜利索地将新电表安装完毕，看到家里的台灯亮了，孩子的妈妈握着他的手，感激地说："辛苦了！谢谢，谢谢……"并准备支付费用时，他上前阻止："电表是我们免费给您更换的，不收您一分钱。"可孩子妈妈却还是执意要给钱，顿时，小仝不乐意了，严肃地说："您这样是在诋毁我的人格。"

见状，孩子妈妈后悔地连连道歉："对不起，我不是这个意思……"寒风吹起，冷得刺骨，小仝不自觉地打了个寒战，低头看表，时间已近八点，突然想起家中等他吃饭的妻子和孩子，急忙跨上车，留下了一句"有事您再联系我"，迅速地飞奔回家……

敬业的小仝让人敬佩，认真的小仝让人感动。探寻原由，与他三年的军队生活不无关系。刚一入伍就碰上震惊世界、动员全国的"98 抗洪"，看着电视里凶猛无情的洪水，小仝想着终有一日，会随着一声令下奔赴"战场"，那时的自己，要不荣耀归来，要不为国捐躯，想着想着，17 岁的大男孩常常捂着被子流泪，父母的养育之恩还未报答，自己的花季青春还没享受，于是，他更加刻苦，负重五公里、器械、投弹，障碍等各种各样高强度的训练，夜以继日，周而复始。那段日子，"我想活着，我必须活着，我要活着接受荣誉"的信念萦绕脑海。结果，直到抗洪胜利，他也没踏出部队大门一步，他是活着，但梦想中的抗洪英雄与他无关。从此之后，深受打击的小仝再也不去幻想明天的"成功"，"明天等到明天再说吧！今天当好今天的兵就够了。"

转业回家，父母为他"明天"的路跑断了腿、操碎了心，看着心神不宁的父母，他反劝道："谋事在人，成事在天。"在家大睡三天后，一觉醒来，瞒着父母，跟着二叔跑起了长途，开着核载 40 吨的大货车，历经 5 个不眠之夜，把山东的新鲜蔬菜拉回家乡出售，十几个来回下来，吃不好睡不好且劳累过度的小仝，瘦成了闪电。忍无可忍的父母给他下了最后通牒，二老强硬的态度让二叔也倍感压力，最终，为了父母安心，他妥协了。接下来的日子，小仝发过小广告，烧过电锅炉，忙忙碌碌中又过了半年。通过努力，小仝赢得了今天这份稳定的工作，他说自己是吉人自有天相，实则与他自己的积极争取，脚踏实地，不断提升密不可分。

有了工作，爱情还远吗？可相亲之路，小仝却走得颇为不顺，不是对

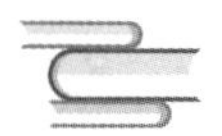

方看不上他，就是他处着没感觉。现在的孩子他妈之所以成为“孩子他妈”，一切皆是缘分使然，相亲失败一年后的两人，在一次朋友的婚礼上再次相遇，聊着聊着就聊到了谈婚论嫁，所谓人生如戏戏如人生，大概不过如此。婚后，小仝把工资卡上交大当家（爱人），为二当家（儿子）做牛做马，乐此不疲，抱着甘为孺子牛的信念，日子过得倒也幸福美满。虽然总因为兜里不足三百元而遭到那群酒肉哥们儿笑话，但他却说“怕老婆能怎样、没地位又如何？这就是我爱的方式。”

一个人身上总会背负着许许多多的角色，每个角色又有着每个角色的故事，这一串串的故事，架构起了一个人的人生剧本。小仝，一个不起眼却踏踏实实的可爱老兵，他用心创作着自己的人生剧本，努力扮演好自己的每个角色，无需彩排却依然精彩！

后记：我先生通读文章后，给出了两字评论：“崇拜”。我惊讶地问，“哪些章节写出了崇拜之意？”答案是：“通篇”。我又从头至尾反复看了若干遍，明明只有讲述，只是字里行间有些赞美之情罢了，怎么也看不出“崇拜”的味道，先生却说我是“当局者迷”。好吧，无论崇拜还是赞美，我真心感觉，人民子弟兵，不管何时何地都是我们最可爱的人！

注　此文获国网山西省电力公司“电网退伍兵”征文三等奖

国网忻州供电公司

周英英

从绿色军营走向“坚守”

——记古渡运维班长白增乐

晋西北偏僻荒凉，方城站坐落在方城村之巅，白增乐在那儿一待就是20年，人们说这是“坚守”。

然而对于白增乐而言，他的坚守从1980年的绿色军营便悄然开始，那时他曾服役武警天津总队，是一名光荣的人民子弟兵，蓬勃的绿色军营支撑起他的信念和意志，同时也锻炼了他的毅力和工作品性。

14年的青葱岁月、14年的艰苦磨砺，在部队大熔炉里，他积极工作，任劳任怨，历任副班长、班长、连队文书、武警二支队机要保密员，由于出色的工作表现，曾荣立三等功两次。

似水流年，他成为一名光荣的“电网退伍兵”，秉持“坚守”从绿色军营走来，与电力结缘21年。

白增乐，从部队专业回来，本是运行专业的门外汉，可他就是不信

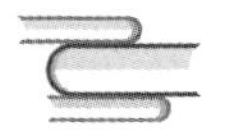

这个邪。从书本里的“欧姆定律”“相量”开始着手，从现场断路器、隔离开关的轮廓开始识别，扎进成堆的技术书籍、原始资料中，“啃骨头”般地慢慢“磨”，铆足劲地往里“钻”，每次天放亮了，他才象征性地迷糊一会，便投入到第二天的工作中。很快，白增乐熟悉了设备、精通了业务，成为站内的骨干、方城站的站长。

部队生活的严谨认真、循规蹈矩，造就了白增乐运行工作的细致入微、以苦为乐。

值班员王仲林说起这样一件事。2003 年元旦，寒潮席卷，浓重了寒冷的氛围，气温降到极致。节日保电，一向“坚守”在岗的白增乐，自告奋勇地留在站上。在设备特巡时，一向专注的他对设备越发考究起来。室外零下三十度的低温，冷风将他吹得通透，脸色发紫，鼻尖通红，双耳失去了知觉，但他仍用敏锐的眼睛在设备中穿梭。在巡视 220 千伏设备区时，他发现管型母线多处出现异常位移，3 处严重点，母线连接部位已经脱开。刻不容缓，他连忙将上述情况进行了汇报，并等待处理。“运行母线也能‘冻断’！”值班人员发出惊叹。电话再次响起，调度的操作令打破宁静，白增乐又义无反顾地承担起操作人角色。天寒地冻，在进行 220 千伏断路器电动操作时，断路器操动机构卡涩严重，可能造成机构连杆变形、开裂。为减轻对机构的应力，他果断选择了手动操作，有时反复操作两三遍才最终操作到位。夜深了，更静了，拉弧声一次次响起，白增乐有条不紊地操作着，凌晨两点多倒闸操作才全部结束，此时室外气温降至零下三十五度，人已经冻得麻木了。岂可知，如果母线一旦脱开坠落，不仅会造成全站停电，而且会中断向引黄工程供电。

2008 年 4 月，方城站综自改造，白增乐的“坚守”更被传为佳话，“舍小家顾大家”是熟悉白增乐的人给他最多的评价。那段日子，他和同事们每天早晨 6 点开始停电操作，晚上 12 点后才恢复送电，特别是在 35 千伏更换开关柜及 1 号、2 号主变压器三侧保护更换期间，他硬是两天两夜未合眼。期间，白增乐安排值班员进行轮休，自己却主动放弃休息，满眼血丝，嘴角起泡，还磨破 3 双鞋。值班员张俊伟风趣地说："上百人施工作业，危险不言而喻，在带电的情况下我们又新建了座方城站。设备更新了，白站变黑了，也更瘦了。"方城站的综自改造，除变压器外，其余设备都完成了更新换代，共更换、新增一、二次设备 300 余台。白增乐看着亮锃锃的设备，兴奋之余，竟被深深的自责包围。原来，白增乐在妻子手术后 3 天便到站进行综合自动化改造。因女儿年幼，照顾不周，妻子刀口发炎，不得不进行二次缝合。此刻，他心急如焚，但还是留在站上。想起妻子那句"工作永远是第一位，方城站才是你的家"，白增乐眼眶潮湿了。从不曾报怨过的妻子，这次因为心疼侍奉病床的年幼女儿，第一次说出了气话。

2010 年，在方城站的红旗站创建中，老白沉着应对，积极出主意、想办法，逐步在红旗站创建工作中形成"精、细、准"的特点，规范设备标志标识，达到统一、全面、准确、实用、美观的特点。早起晚睡，以站为家，查找存在不足，合理分配、调动人员积极性，认真梳理各种资料，组织人员编写了"方城变电站安全管理标准和工作标准""方城变电站标准化管理标准和工作标准"，对室外的设备标识进行创建，修编站内现场运行规程、典型

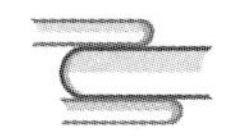

操作票、事故处理应急预案等 10 多种工作卡片和与工作配套的作业指导书。工作按计划在一项项完成中，有多少个不眠之夜已无从计起，红旗站的创建成果却是有目共睹。成绩是最好的回答，在省公司红旗变电站检查评比中，方城站以扎实、精细、科学的运行管理和安全管理受到了检查组的高度评价，被省公司授予“二星级红旗变电站”。面对荣誉，他心里的愧疚感再一次跃升，答应女儿暑假一块出游的诺言在忙碌中尽是又一次落空，电话的另一头，他能感受到女儿的失落、无奈。

有人统计，白增乐每年守站的时间 200 天不止。他更有一项传为美谈的记录：变电运行现场无差错操作 2 万 1 千余项，操作合格率达百分之百；发现缺陷 323 条，避免事故发生 10 余次；巡视变电站 1 万 8 千余次，红外测温 3 百余次……

自 2011 年 11 月古渡操作队成立后，白增乐知道自己肩挑的任务重了，他更似看“家”一样地坚守着所辖变电站。

方城站的偏远是出了名的，再加上年轻人向往外面的世界，不愿偏隅一角，人员思想动荡、不安定。白增乐经常在闲暇时跟大伙聊天，特别注重跟年轻人沟通。研究生毕业的值班员李若贤印象很是深刻，白队对她说：“能够走出去的人是优秀的，留在这里、做好本分的人也是优秀的，在基层的工作经验很是宝贵。”一直的互动交心，众多跟李若贤一样的年轻人慢慢安定下来。白增乐还经常组织拔河比赛、征文活动、绩效对标等喜闻乐见的活动，让值班员在枯燥的工作氛围中“觅”出乐趣。就如他的名字一样，白增乐总会给大家“增添乐趣”，这是他在“坚守”中练就的“魔力”。

方城站，距离忻州市区 240 公里，来来回回，老白走了 21 年，路变了，路边的风景也变了，而他匆忙的脚步从未改变。枯燥、机械、单调的运行工作，平淡、朴素、执着的倾心投入，21 年的默默奉献，21 年的平凡值守，白增乐用他的坚守，诠释了一名运行班组长的责任和担当。

时间记录了白增乐 21 年的工作历程，方城站见证了他执着坚守的步步征程，但军营里的那抹绿却被时光打磨得更加光鲜和艳丽，坚守俨然已经升华为一种人生的境界……

注 此文获国网山西省电力公司“电网退伍兵”征文三等奖

后　　记

当这一本征文集最终命名为《守护》的时候，我们才终于放下心中那最后一丝牵挂。

于子女而言，他们守护亲情；于电网退伍兵而言，他们守护国家、守护人民、守护电网；于文协而言，她守护这一批在征文中初露头角的文学爱好者；于老师而言，他们守护文学的深度与纯度；于我们而言，我们守护《守护》。

因为深爱，所以坚持；因为坚持，所以守护。作为“电网新视界”系列丛书之征文集，《守护》在未来将守护一代又一代的文学爱好者，不忘初心，继续前行。

在国网山西省电力公司职工文学创作爱好者协会（简称文协）成立之后，通过“我的父亲母亲”和“电网退伍兵”这两次主题征文活动，公司文学爱好者的创作热情相继被点燃，其中涌现出一批文思巧妙、笔墨老练的作者，为公司文协注入新的力量。作为文协的第一次征文，“我的父亲母亲”的所有稿件得到了中国电力作家协会张文睿、冷冰、李勋、林平、何红梅、顾晓蕊、郝密雅等七位老师的悉心点评，并在成书之前“一对一”地对稿件提出了详细的修改意见，在此特别感谢老师们的辛勤付出，感谢老师为山西电力新生代作者的文学道路指引了方向。

学以致用，以“我的父亲母亲”征文评审为鉴，文协组建了自己的评审团队，对“电网退伍兵”征文活动的稿件进行了甄选。守护国家，我们更加懂得珍惜；守护亲情，我们更加懂得感恩；守护电网，我们任重而道远。

《守护》中还结合文协“两合一链”特色理念，即一文一图一链接，在书的底封印有与文章相关的二维码链接，利用强大的“互联网 +”完整地呈现关于作品和作者的全貌。

最后，我们要感谢为两次征文的评选挑灯夜战的评审组老师们，感谢为此书的编辑修订而废寝忘食的《山西日报》编辑关海山，感谢为山西电力文学爱好者搭建平台的文协，感谢和我们一起“头脑风暴”从而产生这寓意深厚、饱含深情的“守护”的文协小伙伴们。

因为有你们，文学更美妙。

编者

2016 年 12 月